郑州市水资源脆弱性和水源保护研究

尹彦礼　孙绪金　刘少康　著

·北京·

内 容 提 要

20世纪80年代以来，郑州市面临用水增加、持续超采、污染严重等一系列地下水环境问题。针对上述问题，本书在分析2016—2019年郑州市水资源量的基础上，开展郑州市水资源承载力和水资源脆弱性研究，并针对典型企业进行脆弱性分析，实施水资源保护等一系列管理措施，这对于郑州市未来地下水资源的合理开发和科学利用，防控污染和拓展再生、新生水源，都具有重要的理论和现实指导意义。

本书既能作为地区规避水危机、实施科学发展的参考和依据，也可作为相关专业工程技术人员及大专院校教师的参考书籍。

图书在版编目（CIP）数据

郑州市水资源脆弱性和水源保护研究 / 尹彦礼，孙绪金，刘少康著. -- 北京：中国水利水电出版社，2021.9

ISBN 978-7-5170-9965-9

Ⅰ. ①郑… Ⅱ. ①尹… ②孙… ③刘… Ⅲ. ①水资源—资源保护—研究—郑州 Ⅳ. ①TV213.4

中国版本图书馆CIP数据核字（2021）第190022号

书　　名	郑州市水资源脆弱性和水源保护研究 ZHENGZHOU SHI SHUIZIYUAN CUIRUOXING HE SHUIYUAN BAOHU YANJIU
作　　者	尹彦礼　孙绪金　刘少康　著
出版发行	中国水利水电出版社 （北京市海淀区玉渊潭南路1号D座　100038） 网址：www.waterpub.com.cn E-mail：sales@waterpub.com.cn 电话：（010）68367658（营销中心）
经　　售	北京科水图书销售中心（零售） 电话：（010）88383994、63202643、68545874 全国各地新华书店和相关出版物销售网点
排　　版	金锋艺术设计中心
印　　刷	天津嘉恒印务有限公司
规　　格	184mm×260mm　16开本　7.75印张　179千字
版　　次	2021年9月第1版　2021年9月第1次印刷
定　　价	48.00元

前　言

习近平总书记指出，“绿水青山就是金山银山”，要树立“创新、协调、绿色、开放、共享的发展理念”。党的十八大适时提出了生态文明建设的要求，将其与经济建设、政治建设、文化建设、社会建设并列，“五位一体”地建设中国特色社会主义，并提出了“优化国土空间开发格局”“全面促进资源节约”“加大自然生态系统和环境保护力度”“加强生态文明制度建设”等具体措施，勾画出“美丽中国”的愿景。

在推动或者制约社会经济发展的各种因素中，水资源占据重要地位。水资源的短缺、水环境的恶化、水质量的破坏等，严重影响区域社会经济的可持续发展。水资源环境问题随着社会经济的发展日趋严重，并且带来一系列城市、工业发展矛盾问题，其影响已经蔓延到居民日常生活的方方面面。建设环境友好、生态良好、经济可持续发展、文化繁荣的美丽中国，建设有利于居民身心健康的宜居城市，建设生态平衡、居民生活环境良好的美丽乡村，就必须在资源、环境、生态可承载的基础上实现各个方面协调、可持续发展，达到资源、环境、生态、经济与社会发展的和谐统一。

水资源作为城市发展中不可或缺的自然要素，在人们日常生活以及城市工业生产和发展中起着重要作用。以水资源承载力为评价对象进行研究，对整个城市经济、社会发展具有重要意义。社会、城市的发展离不开人，人口发展也是实现区域可持续发展的重要因素。随着城镇化的推进，城市发展过程中对水资源的需求在量和质方面都提出了更高的要求，由此产生的供需矛盾引发了一系列水资源短缺、水环境污染等问题。这些问题的出现，严重影响城市社会、经济、人口等的可持续发展。

近年来，为适应区域水资源的环境变化和社会发展需求，郑州市政府在地下水环境治理与保护的理论研究和实践方面做了大量工作，在地下水环境方面的研究取得了多项具国际前沿性和前瞻性的成果，最近两年完成的《地下水功能区划与保护方案研究》《地下水循环再生能力与水质变化对供水安全的影响研究》以及《典型污染区污染防控与修复关键技术研究及示范》专题报告，充分展现了研究成果开创性和前瞻性的特点，成果已经达到国际领先水平。

在分析 2016—2019 年郑州市水资源变化规律的基础上，系统开展了郑州市水资源承载力和脆弱性评价，并针对典型企业进行脆弱性分析，实施水资源保护等一系列管理措施，对于郑州市未来地下水资源的合理开发和科学利用，防控污染和拓展再生、新生水源，都具有重要的理论和现实指导意义。

本书可作为本地区规避水危机、实施科学发展的参考和依据，也可作为国内其他大中城市的示范性参考资料，还可作为相关专业工程技术人员及大专院校教师的参考书籍。

作者

2020 年 12 月

目　录

第1章　绪论

》1.1　研究意义

我国有着丰富的自然资源和秀丽的山川河流，不管是人造景观还是自然景观，都能为人们提供精神享受。然而，在社会经济飞速发展和社会文明不断进步的今天，人们已经不再满足于过去人与自然的关系，进而提出更高的目标——人与自然和谐相处。

习近平总书记指出，“绿水青山就是金山银山”，要树立“创新、协调、绿色、开放、共享的发展理念”。党的十八大适时提出了生态文明建设的要求，将其与经济建设、政治建设、文化建设、社会建设并列，“五位一体”地建设中国特色社会主义，并提出了“优化国土空间开发格局”“全面促进资源节约”“加大自然生态系统和环境保护力度”“加强生态文明制度建设”等具体措施，勾画出“美丽中国”的愿景。

在推动或者制约社会经济发展的各种因素中，水资源占据重要的地位。水资源的短缺、水环境的恶化、水质量的破坏等问题，严重影响着区域社会经济的可持续发展。水资源环境问题随着社会经济的发展日趋严重，并且带来一系列城市、工业发展矛盾问题，已经影响到人们日常生活的方方面面。建设环境友好、生态良好、经济可持续发展、文化繁荣的美丽中国，建设有利于人们身心健康的宜居城市，建设生态平衡、生活环境良好的美丽乡村，就必须在资源、环境、生态可承载的基础上使之更为协调，做到可持续发展，达到资源、环境、生态、经济与社会发展的和谐统一。

水资源作为城市发展不可或缺的自然要素，在人们日常生活和城市工业生产发展中起着重要作用。以水资源承载力为评价对象进行研究，对城市社会经济发展具有重要意义。社会、城市的发展离不开人，人口发展也是实现区域可持续发展的重要因素。随着城镇化发展水平的提升，城市于发展过程中对水资源的需求在量和质的方面都提出了更高要求，由此产生的供需矛盾引发了水资源短缺、水环境污染等一系列问题，这些问题的出现，严重影响城市社会、经济、人口等的可持续发展。

本书在分析2016—2019年郑州市水资源变化规律的基础上，系统开展了郑州市水资源承载力和脆弱性评价，并针对典型企业进行脆弱性分析，实施水资源保护等一系列管理措施。同时，本书重点分析、科学并准确评估郑州太古可口可乐饮料有限公司现有水源的可靠性和可持续性、生产过程管理的科学性，识别和评估郑州太古可口可乐饮料有限公司水资源脆弱性；针对其水资源脆弱性，制定相应措施及预防手段，以确保公司水质和水量具有可靠性、安全性和可持续性。这对于郑州市未来地下水资源的合理开发和科学利用，防控污染和拓展再生、新生水源，都具有重要的理论和现实指导意义。

»1.2 国内外研究现状

1.2.1 水资源承载力研究现状

在资源承载力方面，土地承载力研究起步最早且最深入，而水资源承载力研究起步较晚。水资源承载力是承载力概念在水资源领域的应用，是除土地承载力之外，在资源承载力方面研究最多的承载力资源类型，也是当前水资源科学中一个重点和热点研究课题，已引起许多学者的高度关注[1]。国外对水资源承载力的研究，大多结合可持续发展的相关理论，单独进行的研究较少，相关研究散见于研究可持续发展的文献中。水资源承载力由生态学中的“承载能力”（Carrying Capacity）演化而来，是自然资源承载力一个重要的组成部分[2]。

水资源承载力是除土地承载力之外研究最为广泛的一类资源环境承载力。水是人类日常生活和生产活动中不可或缺的自然要素，且水资源具有不可替代性。因此，水资源是社会经济发展的一个短板因素，严重影响区域社会经济的可持续发展。对水资源承载力进行研究，关系区域社会、人类、经济未来的发展，具有重要的现实意义，是可持续发展研究的一个重要组成部分，是人地关系协调发展的一个重要方面。目前，水资源承载力的概念尚未系统化、统一化，许多学者对水资源承载力的概念有自己独到的见解，最具代表性的有以下几种。

Mathis Wackernagel 和 William E. Rees[3]（1996）认为，水资源承载力是指一定历史阶段和社会经济发展水平下，特定区域以维护生态良性循环及可持续发展为前提，当地水资源所能支撑的特定生活标准下的人口数量以及社会经济活动规模。

夏军和朱一中[4]（2002）认为，水资源承载力是度量水资源安全的一个重要方面，水资源承载力是指在满足生态需水的前提下，在特定的水资源技术开发利用阶段，一个地区的可利用水量所能维持的资源、环境与人口有限发展目标的最大社会经济规模。

惠泱河等[5]（2001）将水资源承载力的定义解释为：以某地区可预见的社会经济发展水平和技术为依据，在特定历史发展阶段下，以维护生态良性循环为条件，该地区的水资源经过合理的配置，对该地区社会经济发展的最大支撑力。

水资源承载力是衡量一个国家或地区可持续发展的重要因素，制约着区域社会、经济、人口未来的发展。对于水资源短缺和严重缺水地区而言，水资源是制约社会发展的瓶颈因素。因此，水资源承载力对一个国家和地区的综合发展有着至关重要的作用[6]。

我国对水资源承载力的研究起步较晚，始于20世纪80年代后期，但是发展迅速，整体上倾向于结合特定区域对其进行定量研究和应用型研究，侧重于方法的探索和运用，而相关理论探讨和概念的系统研究较少。目前，水资源承载力尚未形成统一的定义，但是在概念和内涵方面都存在相似之处。水资源承载力的具体研究主要有以下几种。

Gordon Wolman[7]（1971）指出，国家对水资源的需求正在以超过废物处理设施增加的速度上升，人口和经济的增长对河流系统产生严重的影响，即使在监管的情况下，河流系统在承载能力方面仍然受到不同类型污染物的影响。同时，社会活动带来的后果越来越严重，而对河流潜在需求的预测比对解决河流的污染状况容易得多。因此，其对水资源状况及前景非常担忧。

Johan L. Kuylenstierna等[8]（1997）指出，许多国家和地区的淡水资源处于不可持续的状态，水资源短缺影响社会经济的可持续发展。因此，必须采取措施防止水资源问题进一步恶化。

Malin Falkenmark和Jan Lundqvist[9]（1998）对水资源质量问题进行了讨论，着重探讨各种评估水资源短缺方法之间的差异性，以及干旱地区水资源的承载限度。

Michiel A. Rijsberman和Frans H. M. van de Ven[10]（2000）首先对可持续发展的概念进行对比分析，认为可持续发展不仅是资源利用和污染物排放的问题，在更高层次上，可持续发展问题非常复杂。不同的人对城市水资源基础设施及其管理理解不同。

潘兴瑶等[11]（2007）在建立水资源承载力指标体系的基础上，使用ArcGIS软件和模糊综合评价模型对北京市通州区的水资源承载力进行动态评价预测及空间内部差异性分析。张戈平和朱连勇[12]（2003）、孙富行和郑垂勇[13]（2006）、李滨勇等[14]（2007）、雷学东等[15]（2004）、冯绍元等[16]（2006）、张洪玉等[17]（2008）、姚治君等[18]（2002）对区域水资源承载力的概念、理论、方法、研究现状、发展趋势等作了探讨。朱一中等[19]（2003）在水资源承载力指标体系的基础上，使用层次分析-熵值定权法和向量模法对中国西北地区的水资源状况进行了评价。童玉芬[20]（2009）对北京市水资源人口承载力客观存在性进行理论分析，并剖析了北京市人口承载力的状态和人口压力，同时对中国西北地区的人口规模进行预测，进而分析资源、环境在人口方面的压力状况。闫维和杨黎[21]（2007）从水资源供需平衡角度出发，使用单因子分析法对昆明市的适度人口规模进行了预测。谢高地等[22]（2005）使用单因子分析法对我国不同类型水资源承载力进行了分析。李磊等[23]（2014）在水资源承载力指标体系的基础上，使用层次分析-熵值定权法和向量模法对武汉市水资源承载力进行了评价。周亮广和梁虹[24]（2006）、许朗等[25]（2011）在水资源指标体系的基础上，使用主成分分析法和熵值定权法对贵阳市水资源承载力进行了动态变化研究。李姣和严定容[26]（2013）使用层次分析-熵值定权法和灰色物元分析法对湖南省整体和洞庭湖区8个重点城市的水资源承载力进行了综合评价。范英英等[27]（2005）使用系统动力学法对北京市水资源承载力进行动态仿真模拟，并预测水资源政策对水资源承载力的影响。龙腾锐等[28]（2004）对水资源承载力的生态内涵、技术内涵、社会经济内涵、时空内涵进行了详细阐述。张鑫等[29]（2001）对水资源承载力的概念及量化方法进行了评价，并对其发展趋势进行了预测分析。

1.2.2 水资源脆弱性研究现状

一、水资源脆弱性的概念

水资源脆弱性的概念于20世纪60年代末在国外被首次提出，不过当时评价的是地下水脆弱性。20世纪90年代以后，研究者开始提出环境变化背景下的水资源脆弱性的相应概念。2001年，联合国政府间气候变化专门委员会（Intergovernmental Panel on Climate Change，IPCC）[30]从气候变化的角度定义了水资源脆弱性；2011年，Perveen和James[31]将水资源脆弱性定义为：因水资源可获得性的限制和集中用水而导致的区域脆弱性；2013年，IPCC[32]第5次评估报告中强调了气候变化导致灾害、社会经济发展暴露度的综合风险与水资源脆弱性的联系；2016年，杨晓华[33]（2016）认为，气候变化下水资源脆弱性是指由自然环境、气候变化和人类社会活动引起的水量、水质和水生态遭到严重破坏，系统失衡，难以恢复的一种状态、可能性或趋势。

二、水资源脆弱性评价方法

水资源脆弱性评价方法分为主观评价法、客观评价法和主客观结合法3种。

关于主观评价法，王红梅等[34]（2016）、穆瑾等[35]（2019）和Haak L.[36]等（2020）使用了层次分析法（AHP法）。吕彩霞等[37]（2012）和任源鑫[38]等（2019）使用专家打分法对区域地表和地下水资源脆弱性进行了评价。

客观评价法主要包括函数法和模型法。Shi等[39]（2017）基于水资源系统的敏感性、适应性、暴露性和干旱灾害风险，建立了流域脆弱性的函数；魏光辉[40]（2017）构建改进的灰色关联–TOPSIS模型；Michael A.等[41]（2003）使用了WBM（Water Balance Model）模型；段顺琼等[42]（2011）和张旭[43]（2018）使用了集对分析法；杜娟娟[44]（2018）和刘晓敏等[45]（2019）使用了熵值定权法；张蕊[46]（2019）使用了突变级数法；邹君等[47]（2007）使用了模糊物元模型和计点系统模型；王磊[48]（2019）使用了基于欧式贴进度的模糊物元模型；景秀俊等[49]（2012）使用了多准则决策程序（MCDM）、逼近理想解排序法（TOPSIS）；郝璐等[50]（2012）使用了SWAT（Soil and Water Assessment Tool）–WEAP（Water Evaluation and Planning System）联合模型；田一鹏[51]（2018）使用了差值型曲线、粒子群算法、投影寻踪法和大样本数据构建评价模型；李昕[52]（2018）将混合蛙跳法和投影寻踪法进行有效结合，构建了评价模型；Marin Mirabela等[53]（2020）和宋一凡等[54]（2017）基于SWAT模型评估了不同气候和土地利用变化情景对21世纪水资源脆弱性的影响；Lia Duarte等[55]（2019）、张颖[56]（2019）和聂兵兵[57]（2019）

使用 ArcGIS 软件和 DRASTIC 评价模型对区域地表和地下水资源脆弱性进行了评价。

关于主客观结合法，苏贤保等[58]（2018）使用层次分析–熵值定权法，提出水资源脆弱性评价的综合权重法；陈岩等[59]（2019）使用熵值定权法–云模型相结合的模型对流域水资源脆弱性进行了综合评价。

1.3 研究内容

本书在分析郑州市水资源变化特征的基础上，开展郑州市水资源承载力和脆弱性研究，并针对典型企业进行进行脆弱性分析、水资源保护等一系列研究，这对于郑州市未来地下水资源的合理开发和科学利用，防控污染和拓展再生、新生水源，都具有重要的理论和现实指导意义。具体主要开展以下内容的研究。

（1）构建郑州市水资源承载力综合评价体系，评价了郑州水资源承载力。在分析郑州市 2016—2019 年水资源变化特征的基础上，构建郑州市水资源承载力综合评价体系，利用水资源综合评价模型，评价郑州市水资源承载力。

（2）利用 DRASTIC 评价模型，开展郑州市地下水脆弱性评价。本书选择水位埋深、净补给量、含水层介质、土壤介质、地形坡度、包气带岩性、含水层渗透系数作为脆弱性评价指标，利用因子和权重的评价方法，评价郑州市地下水资源的脆弱性。

（3）选择典型企业（郑州太古可口可乐饮料有限公司）开展企业脆弱性分析，制定相应的地下水管理与保护方案。

综上，通过现场调查、走访以及审阅郑州太古可口可乐饮料有限公司提供的资料，制定完善的水资源保护计划。

第 2 章　郑州市自然地理概况

»2.1　气象水文

2.1.1　气象

郑州市属暖温带半干旱大陆性气候，春季干旱风沙多，夏季炎热雨集中，秋季气爽日照长，冬季寒冷雨雪少，一年四季，气候分明。郑州市多年平均气温为 14.25℃，夏季（6—8 月）气温最高，极端最高气温达 43℃（1966 年 7 月 19 日），冬季（12 月至翌年 2 月）气温最低，极端最低气温达 -17.9℃（1971 年 12 月 27 日）。

郑州市春季盛行南风，秋末冬初盛行西北风，冬季则以东北风和西北风为主，最大风速为 20.3m/s。

郑州市降水量适中，但年际变化量较大。根据郑州市气象站 1961—2002 年资料统计，多年平均降水量为 634mm，最大为 1041.3mm（1964 年），最小为 380.6mm（1997 年）。每年降水多集中在 7—9 月，降水量为 172.0 ～ 495.2mm，约占全年降水量的 50%，并常有暴雨出现。每年 12 月至翌年 2 月降水量最少，不足全年降水量的 5%。

郑州市多年平均蒸发量为 1817.4mm（1971—2000 年资料），主要集中在 4—6 月，占年蒸发量的 40% 左右，多年平均相对湿度为 66.3%。郑州市多年平均气象要素如图 2-1 所示。

2.1.2　水文

流经郑州市的河流除黄河干流外，其他均属淮河水系。

一、黄河水系

黄河干流从勘探区北部边界自西向东流，该河段长约 20km。由于黄河所携泥沙在此河段大量落淤，促成黄河河床高出堤外平原 3 ～ 4m，成为“地上悬河”。

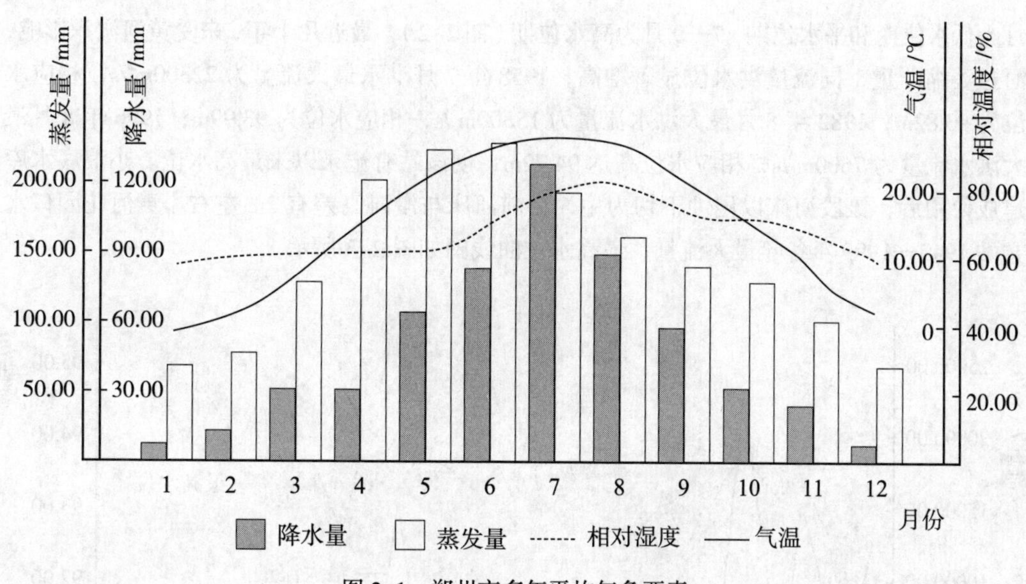

图 2-1　郑州市多年平均气象要素

根据黄河花园口水文站 1950—2000 年资料统计，多年平均流量为 1269m³/s，最大洪峰流量为 22300m³/s（1958 年 7 月 17 日），最小流量为 18.8m³/s（1981 年 6 月 5 日），年平均最大流量为 2720m³/s（1964 年），年平均最小流量为 452m³/s（1997 年）；多年平均含沙量为 26.4 kg /m³，最大年平均含沙量为 53.9kg/m³（1959 年），实测最大含沙量为 546kg/m³（1977 年）。含沙量年内分配也极不均匀，12 月至翌年 6 月水沙量较小，7—10 月水沙量较大，所携泥沙以悬移质为主，大于 0.05mm 的粗泥沙占 30.5%，小于 0.05mm 的细颗粒占 69.5%。黄河花园口水文站多年月平均水文要素变化曲线图如图 2-2 所示。

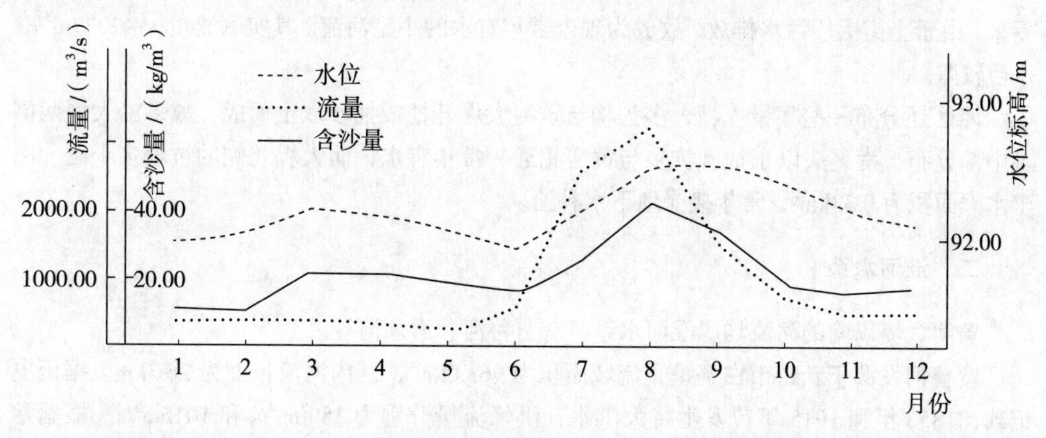

图 2-2　黄河花园口水文站多年月平均水文要素变化曲线图

根据黄河花园口水文站 1980—1994 年水位资料统计，多年平均水位为 92.21m（大沽高程系，下同）。最高月平均水位为 93.21m（1981 年 9 月），最低月平均水位为 91.55m（1989 年 6 月）。由于受黄河流域中上游气象要素周期性变化和水库运行方式影响，水位变化显著，连续出现 2 ～ 3 年偏高水位之后，即出现 2 年左右的偏低或低水位期。每年 10 月至翌年 6

月为低水位期和平水位期，7—9月为高水位期（图2-2）。最近几十年，来受黄河淤积影响，河道萎缩严重，同流量洪水位显著增高，1958年7月洪水最大流量为22300m^3/s，相应水位为93.82m；1982年8月最大洪水流量为15300m^3/s，相应水位为93.99m；1996年8月最大洪水流量为7600m^3/s，相应水位高达94.72m，创该站有记录以来最高水位。小浪底水库建成使用后，该段河床以侵蚀下切为主，目前河床与漫滩高差有2m左右。黄河花园口水文站1949—1999年各年最大流量、最高水位曲线图如图2-3所示。

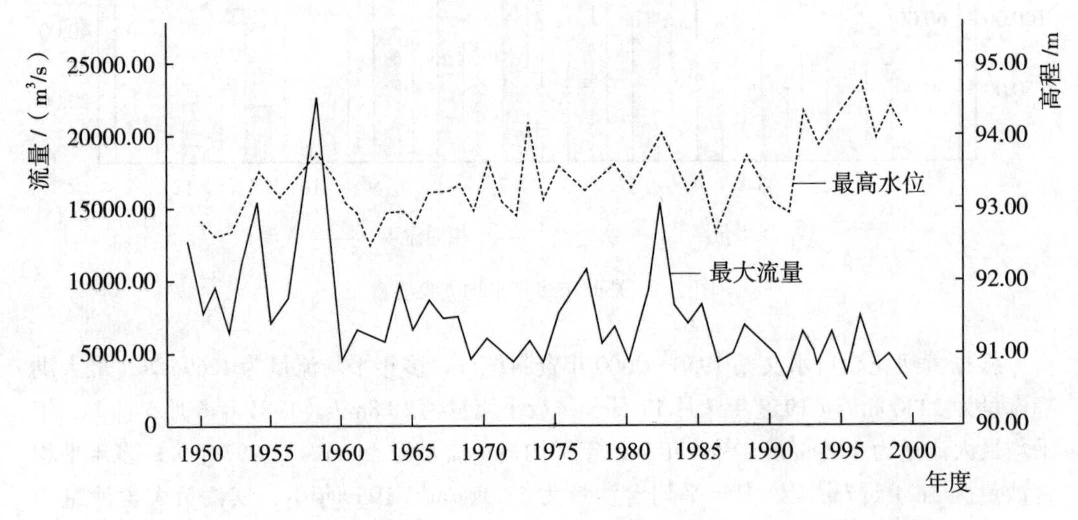

图2-3　黄河花园口水文站1949—1999年各年最大流量、最高水位曲线图

枯河发源于上街以北山前冲洪积倾斜平原前缘，为季节性河流，在保合寨北注入黄河。后来，由于上街铝厂污水排放，故成为现今常年有水的小型河流。其实测流量为42237m^3/d，水质较差。

滩区还分布一些零星库塘，多为构筑黄河大堤开挖或抽沙取土而成，故多沿大堤两侧及中部分布，南裹头以东抽沙坑多与黄河相通，常年有水，而大堤北侧的坑塘多干涸。岗李水库面积为0.33km^2，常年接受地下水补给。

二、淮河水系

黄河大堤以南的河流均属淮河水系，有贾鲁河、索须河等。

贾鲁河发源于新密市白寨镇，流域面积为963.0km^2，区内河流长度为26.3km。据历史记载，1853年和1915年曾发生特大洪水，洪峰流量分别为3590m^3/s和1015m^3/s。根据常庙水文站资料，1956年最大洪峰流量为400m^3/s，近年来因上游修建水库，流量逐渐减小，现今基流量仅约0.4m^3/s。

索须河发源于荥阳市崔庙镇（索河）和贾峪镇（须水河），两河在古荥盆河村汇合后称索须河。该河在花园口祥云寺村东汇入贾鲁河，流域面积为600km^2，区内河流长度为10km。

»2.2 第四纪地貌及地质特征

2.2.1 第四纪地貌

郑州市位于黄河冲积平原，地形平坦开阔，总趋势西高东低、南高北低，自北西向南东微倾斜。按地貌成因类型划分，主要有流水地貌和人工地貌，勘探区西侧还有黄土地貌（邙山）。

一、流水地貌

（一）黄土塬前冲洪积倾斜平原

黄土塬前冲洪积倾斜平原分布在郑州市的西南、黄土台塬的前缘地带，地面高程为92.50～132.00m，地面较平坦开阔，微向东北倾斜。冲沟不大发育，浅而窄小，切割深度小于5m。该地貌单元地表岩性为晚更新统冲洪积粉土。

（二）黄河冲积平原

1. 冲积平原

冲积平原处于开封凹陷内，黄河所携泥沙大量落淤，致使黄河成为“地上悬河”。历史上，黄河多次决口、泛滥、改道，形成了广阔平坦略向下游（东南）倾斜的冲积平原，坡降为1/3000左右，地面绝对高程为82.00～92.00m。有大小不同的洼地分布，多为背河洼地。地表岩性为全新统粉质黏土、粉土、粉细砂等。其上有零星的风成沙丘分布。

2. 河漫滩

河漫滩分布在黄河大堤以北，黄河主流线以南地带，地面绝对高程为90.00～95.00m，高出堤外地面3～5m，自西向东高差渐大。滩面较平坦，微向东和河床倾斜，据其高度和形成时间不同分为嫩滩、新滩和老滩。嫩滩前缘陡坎一般高出黄河水位2m左右，枯水期出露面积较大，组成物质为新近沉积的粉细砂和粉土。新滩高出嫩滩后缘0.5～1m，一般洪水不淹没，其上分布有东西向延伸的长条洼地。老滩仅分布于九五滩地的西部，面积较小。新滩、老滩地表岩性为全新统粉细砂和粉土。大堤北侧附近分布有人工抽沙复堤形成的常年积水洼地和坑塘。

二、黄土地貌

黄土地貌分布郑州市西部的邙山一带，为黄土台塬，塬面平坦，微向南倾斜，塬面高程为190.00～200.00m，高出黄河河床100～110m，南坡相对平缓，北坡陡峭，为黄河冲刷岸，塬边冲沟发育较好，切割深度为30～80m，切割密度为2km^2。黄土台塬的岩性由上更新统和中更新统风成黄土组成。

三、人工地貌

黄河以善淤善决著称于世。为了稳定黄河流路，防止洪水决溢危害的发生，历代劳动人民都在黄河沿岸构筑千里大堤，形成了人工地貌景观。现今的黄河大堤平工段顶宽10m，险工段宽13m，临北河坡坡比为1 ∶ 3，底宽为58～61m，平均堤高为临河5m、北河9m。近年来为了加固大堤，采取抽沙（滩里的沙）淤背措施，使险工段大堤更宽阔。

2.2.2 地层

郑州市地表全部被第四纪松散堆积物覆盖，第四系发育齐全，厚度近300m。渐近纪、早更新世时处于下沉阶段，沉积了一套河湖相沉积物。中更新世早期，山前地区相对抬升，露出湖面，加积了后期的风成黄土，而东部仍为河湖相沉积。中更新世晚期时，总体趋势仍以下沉为主，但沉降速率变小，此时三门湖与华北平原贯通，形成了黄河，从南北方向上的颗粒粒度和沉积物厚度分析，早期黄河主河槽主要摆动于现今河床以北，故自北向南细颗粒物质增多。晚更新世是黄河冲积扇发育的鼎盛时期，因此该时期沉积物以粗颗粒相为主。全新世时冲积物较薄，地表主要为晚全新世沉积物。

根据郑州市及附近350m深范围内的岩性、岩相分析和地层组合，结合原有古生物、古地磁、^{14}C测年资料，进行第四纪地层成因及时代划分（图1-4）。现将渐近纪以来的地层由老至新阐述如下。

一、新近系（N）

根据郑州市及附近钻孔资料，新近系隐伏于第四系之下，为一套红色岩系，自下而上按岩性组合不同可分为：下部为棕红色、浅黄色、灰白色泥质胶结至半胶结的粉砂岩、砂岩夹泥岩、细砂岩和黏土砾石层；中部为棕红色、灰白色中细砂岩以及泥岩互层夹砾岩、粉砂岩；上部为棕红色或红褐色黏土、砂质黏土夹褐黄以及浅棕红色细砂、中细砂、粉砂、中砂、半胶结砾岩，自南向北砂层增多，粒度增大，砂层与黏性土呈互层状。顶板埋深自西南向东北逐渐变大，顶板埋深为200～250m。从岩性岩相特征分析，该套地层为河湖相沉积。

二、下更新统（Q_p^{1al-l}）

根据钻孔资料，下更新统底板埋深自西向东渐大，地层厚度为90～100m。该地层下部为棕黄色、褐黄色、灰白色细砂和中砂与棕红色、褐红色黏土以及粉质黏土多层交互沉积，两者呈现为不等厚互层；上部为棕黄色中砂、细砂和棕红色或棕黄色黏土、粉质黏土，沉积韵律表现为下粗上细。砂层单层厚度为3～10m。祭城Z_{37}孔相同层位中发现的介形类化石有纯净小玻璃介、开封土星介和粗糙土星介。淡水螺类化石以塞拉螺（豆螺）为主，其次是施螺和土蜗，无旱生螺类化石。藻类有盐城似松藻、苏北迟钝轮藻和灯枝藻。由此可见，该层为河湖相沉积物。根据古地磁测试资料，其底界与高斯正极世中的马莫斯事件底界相当，约310万年。

三、中更新统（Q_p^{2al-l}、Q_p^{2eol}）

根据钻孔资料，中更新统底板埋深自南向东北由100m增加到150m左右，厚度为60～90m。下部为河湖相沉积，南部为褐红色、褐黄色粉质黏土，黏土夹灰白色、褐黄色细中砂、粉细砂，北部为灰白色、棕黄色细砂、细中砂、粉细砂夹棕黄色粉质黏土；上部为黄河形成后的冲积层，滩地北部靠近古河道主流带，岩性以中砂、粗中砂为主，夹粉质黏土，向东南过渡直到以黏性土为主，夹细砂、粉细砂、细中砂，砂层中显层理。祭城Z_{37}孔相同层位中介形类化石见于下部，主要有纯净小玻璃介、瘦长骊山介、海星介、小土库曼介、开封土星介和轮藻化石，上段发现有大量淡水螺类化石，底界与布容正极性世下限相对应，约73万年。

中更新统风积黄土（Q_p^{2eol}）出露于黄河岸边，邙山脚下，岩性主要为浅黄色、浅棕红色粉质黏土，夹有3～5层棕红色古土壤，含钙结核，多具有白色钙质网纹。经取样分析发现，螺类化石均属旱生种，主要有鱼形玻璃螺、中华阿比螺和中国蜗牛等。孢粉以榆属、蒿属、藜科为主，属旱疏林–草原植被。

四、上更新统（Q_p^{3al}、Q_p^{3eol}）

上更新统水源地内及以东为黄河冲积物，底板埋深自西南向东北渐深，由小于30m增加到70m左右，厚度为15～60m，沉积韵律具有上细下粗的特点。该套地层在郑州市以各类砂层为主，主要为灰白色、黄褐色、浅灰色中砂、粗中砂、细中砂、含砾中粗砂、细砂等，中部夹一层黄褐色、黄色粉质黏土或粉土层，厚2～5m。自北向南砂层变薄，黏性土变厚。砂层中化石贫乏，偶见淡水螺化石。下部淤泥质土层中常见适于池沼环境的玻璃介和小玻璃介化石。该层下部淤泥质黏土^{14}C测年数据为30440±2090 aB·P。黄河花园口东3km处的京水钻孔，深16.5m处淤泥质砂层的^{14}C测年数据为15967±3200 aB·P。上更新统与下伏中更新统为侵蚀接触。

水源地以西邙山一带为风积黄土（Q_p^{3eol}），岩性为浅黄色、浅灰黄色亚砂土，含钙质结核，具有假菌丝体，垂直节理发育。含旱生螺类化石，主要有鱼形玻璃螺、钻子螺和李氏中国蜗牛。区域上，该层位多处出现安氏鸵鸟蛋原生化石。

五、全新统（Q_4^{al}）

全新统遍布于黄河大堤内外的广大地带，底板埋深为10～20m，岩性特征在垂向上可分为上、中、下三段，上段为浅黄色粉土、粉质黏土、泥质粉砂，交错层理清晰；中段以浅黄色、灰黄色细砂、中细砂为主，含小砾石，夹粉砂薄层，具交错和水平层理；下段为灰黄色、浅灰色淤泥质黏土、粉土及淤泥质粉砂，层理清晰，为河漫滩相堆积物。京水钻孔10.5m深处的淤泥中细砂^{14}C测年数据为9820±300 aB·P。

地层时代柱状对比图如图2–4所示，全新世地层对比图如图2–5所示。

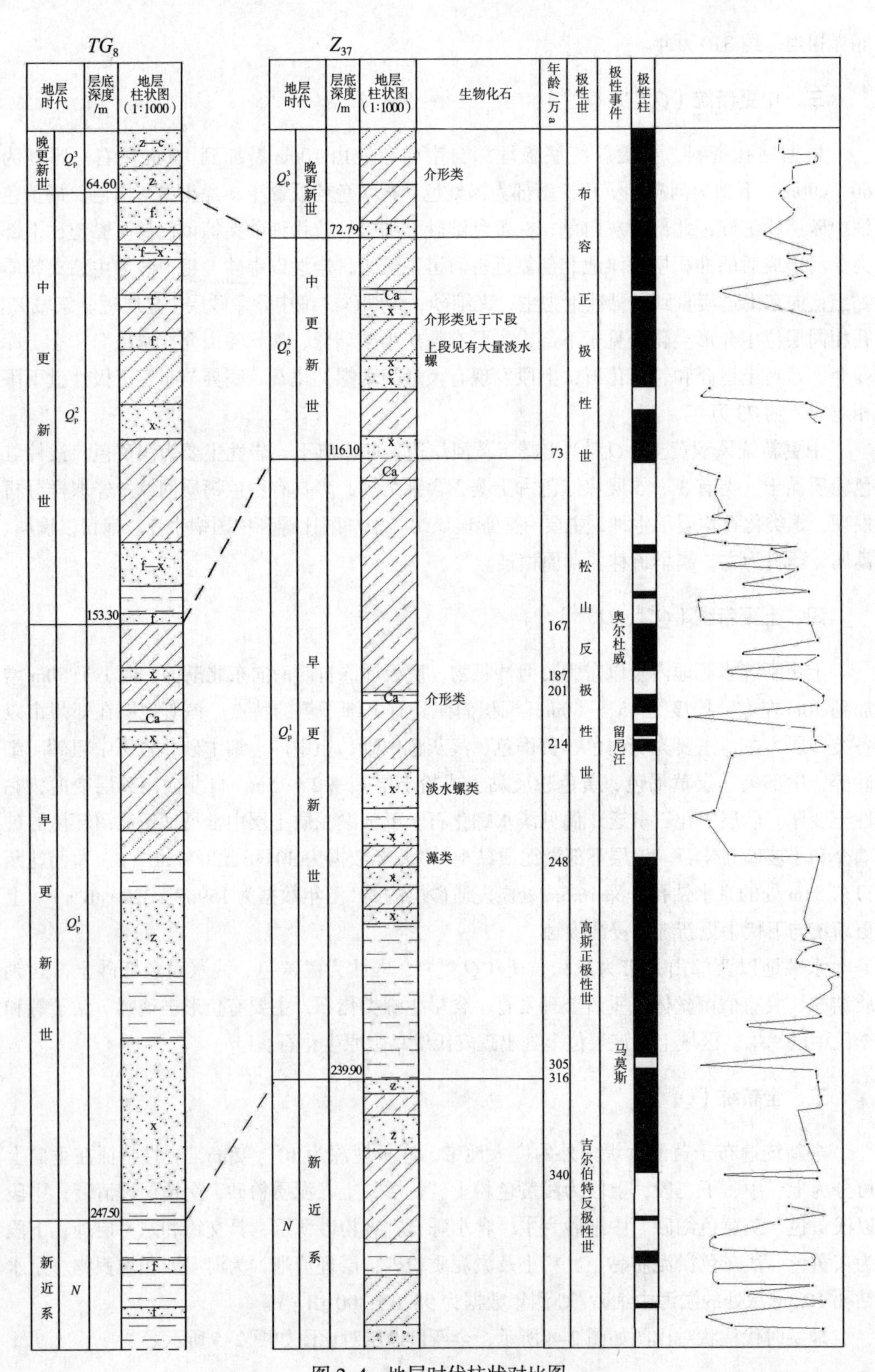

图 2-4　地层时代柱状对比图

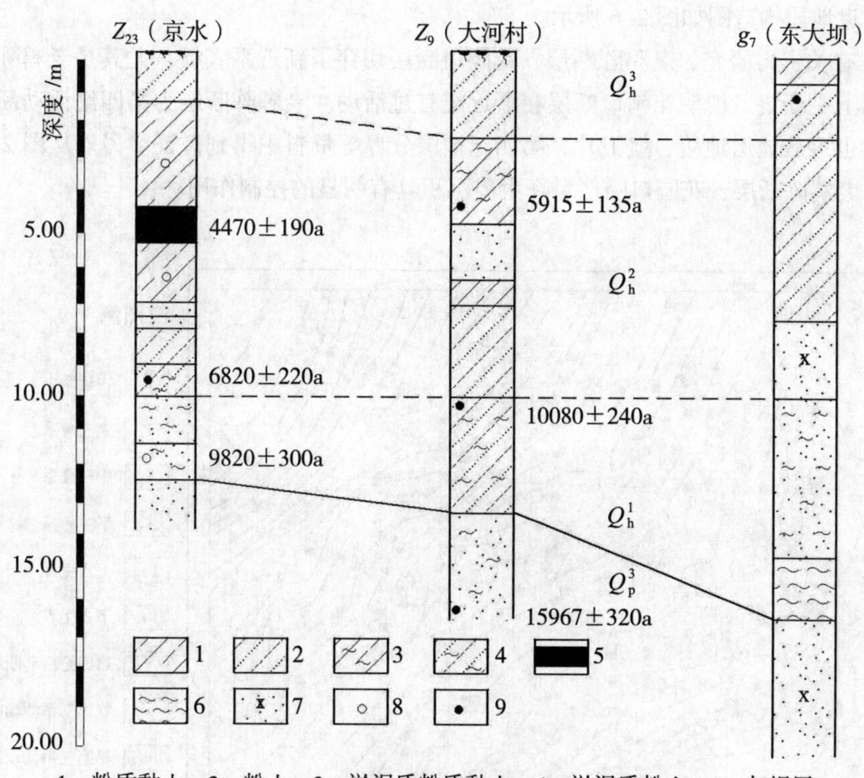

1—粉质黏土；2—粉土；3—淤泥质粉质黏土；4—淤泥质粉土；5—灰烬层；6—淤泥层；7—细砂；8—文化遗物；9—C^{14} 采样点

图 2-5　全新世地层对比图

2.2.3　地质构造

郑州市位于华北坳陷区开封凹陷的西南部，与西南的嵩山隆起相接。自渐近纪以来，构造运动在该地区主要表现为差异升降运动，为堆积物的沉积创造了条件，是形成巨厚的新近系和第四系的主要因素之一。

开封凹陷长轴为近东西向，中生代已形成，沉积有三叠世－白垩纪地层。新生代时期湖盆地范围较小，仅在次一级小凹陷内沉积古近纪地层（区内有分布）。渐近纪时期整个华北平原大面积沉陷，区内也沉积了巨厚的新近系和第四系。根据有关资料研究，开封凹陷在新生界可分为 4 个沉降中心，即原阳 5000m、封丘 6500m、中牟 4000m、兰考 5000m。渐近纪以来的沉降中心在原阳，N＋Q（Q 指第四纪，N 指晚第三纪）厚度可达 4000m。

郑州市及其附近全部被新生界覆盖，基岩基底构造以断裂为主，均为隐伏断裂，断裂展布方向以北西向、近东西向为主。近东西向断裂主要有中牟断层、中牟北断层、上街断层、须水断层；北西向断裂主要有老鸦陈断层、花园口断层、古荥断层、尖岗断层等。郑州市区及其附近地质构造图如图 2-6 所示。

根据有关资料研究，老鸦陈断层、花园口断层切穿了新近系底板，尤其是老鸦陈断层曾错断到上更新统，说明花园口断层在渐近纪有过活动。老鸦陈断层为第四纪活动断层，其活动性也可从地形地貌、航卫片、第四纪地层分界等资料中得到佐证。另外从图 2-6 可以看出，老鸦陈断层、花园口断层对新生界沉积具有明显的控制作用。

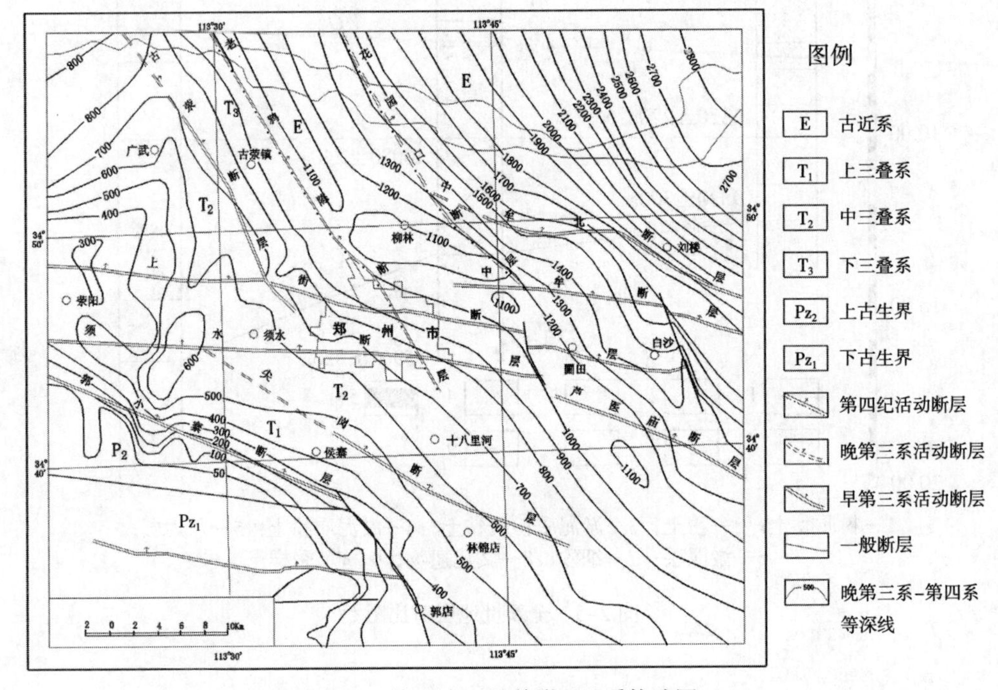

图 2-6 郑州市区及其附近地质构造图

2.3 水文地质条件

2.3.1 区域水文地质概况

郑州九五滩水源地区域水文地质条件研究以收集资料为主，结合 1 ： 20 万区域水文地质普查及以往勘察，对水源地周边 15 ～ 20km、垂向上 350m 范围内，以浅层含水层的划分及浅层地下水的分布特征、富水性和地下水补、径、排条件等进行综合分析研究，以期了解区域地下水与研究区地下水的关系。

根据含水层组的埋藏条件、水力性质和开采条件，将研究区地下水划分为浅层含水层组、中层含水层组和中深层含水层组。

（1）浅层含水层组（潜水-微承压水，以下简称“浅层水”）。浅层含水层组多分布在京广线以东、邙山以北平原区，主要由全新统（Q_h）和上更新统（Q_p^3）黄河冲积的以粗为主、粗细相间的各类砂层夹粉土组成，含水类型为以砂、含砾石含水层为主的孔隙水。垂向上表现为下粗上细的多个沉积韵律，平面上自冲积扇轴部（黄河铁路桥—原武—原阳一带）向下游和两翼展开，含水层由粗变细，由厚变薄。黄土塬前缘及塬前冲积倾斜平原区，浅层含水层组由上更新统（Q_p^3）和中更新统（Q_p^2）黄土、黄土状土、粉细砂组成，含水类型为由砂和黏性土互层组成的裂隙-孔隙水；黄土台塬区则由上更新统（Q_p^3）和中更新统（Q_p^2）风积黄土、冲洪积黄土状土、裂隙粉质黏土、钙质结核组成，含水类型为以黄土裂隙含水为主的孔隙-孔隙水。

（2）中层含水层组（承压水，以下简称“中层水”）。中层含水层组是指埋藏在第一稳定（相对）隔水层之下至150m的含水层。

（3）中深层含水层组（承压水，以下简称“中深层水”）。中深层含水层组是指埋藏在150～300m的地下水，含水层为承压含水层，由下更新统和部分新近系组成。

2.3.2　浅层水水文地质条件

浅层地下水富水地带和黄河冲积扇的形状一致，桃花峪以上沿黄河呈条带状展开，宽度约为10km，主要包括温孟滩和王村滩。桃花峪以下呈扇形展开，轴部在何营—原武一带，最宽处为朗公庙—黄庄一带。含水层岩性以中砂、含砾中粗砂、细砂为主，顶板埋深为5～18m，厚度为33～55m，单井出水量为3000～5000m^3/d（按降深5m计算，下同），水位埋深为2～5m，背河洼地小于2m，导水系数（T）在1000m^2/d以上，地下水丰富。郑州九五滩水源地和北郊水源地就分布在冲积扇的南翼，位于黄河南岸（图2-5）。

黄河以南的九五滩—花园口—姚桥—中牟万滩一带，含水层以中砂、中粗砂、细砂为主，顶板埋深为6～13m，厚度为30～50m，单井出水量为2000～3000m^3/d，水位埋深为2～6m，导水系数（T）为700～1000m^2/d，属富水区。九五滩水源地位于该区黄河岸边。

柳林—圃田—白沙一带，含水层以细砂、中砂、粉细砂为主，东部夹2～3层粉土。含水层厚度为13～50m，单井出水量为1000～2000m^3/d，水位埋深为2～5m，导水系数（T）为500～700m^2/d。

黄河以南其他地区，单井涌水量一般都小于1000m^3/d。

在台塬区、塬前冲洪积平原区以及远离黄河的冲积平原区，浅层水的补给以大气降水补给为主，其次是灌溉、河流、水库入渗补给。桃花峪以东近黄河地带，由于该河段为“地上悬河”，因此地下水补给以黄河侧渗补给为主。黄河下游郑州南岸侧渗补给宽度为10km，由于该地带地下水埋藏较浅，且大部分处于黄灌区，因此大气降水入渗补给和灌溉入渗补给也是浅层地下水的重要补给来源。

区域浅层水径流总趋势是自南西向北东。桃花峪以东，以黄河为地下水分水岭，南岸自北西向南东的径流和自南西方向的径流汇合后向东，北岸仍自南西向北东。地下水水力坡度为0.05%～0.1%，近河地段稍大。郑州市因地下水大量开采而形成降落漏斗，径流是从漏斗周边流向中心。

在台塬区、塬前冲洪积平原区、城镇附近及鱼塘区，浅层水的排泄以人工开采为主。平原区则以蒸发排泄为主。郑州市区以越流排泄为主，其他尚有径流排泄、河流排泄等。

影响区域浅层水动态的因素较多，除平原区沿黄地带以水文因素占主导地位外，大部分地区以气象因素占主导地位。枯水期（4—6月）地下水水位下降到最低值，丰水期（7—9月）地下水水位上升到最高值，年际变化明显，年变幅为0.34～5m。除气象、水文因素外，区域地下水水位变化还受地形、埋深、饱气带岩性、灌溉等多种因素影响和控制，而人为因素（开采为主）则可以影响局部水位动态变化。

浅层水的水化学类型以重碳酸型为主。矿化度由近河地带的0.3～0.5g/L过渡到远离黄河的0.5～1.0g/L。郑州市区及近郊，受人为因素影响，浅层地下水局部已受到污染，化学类型较复杂，目前已圈出一定范围，该范围内有重碳酸、硫酸型，重碳酸、氯化物型，硫酸、氯化物、重碳酸型，氯化物型等，矿化度多大于1.0g/L，最高达2.2g/L。

2.3.3 九五滩水源地水文地质特征

九五滩水源地以开采浅层地下水为主。老鸦陈断层以西的黄土台塬隆起区，中更新世以来沉积了巨厚的风成黄土，其岩性以黏性土为主，构成西部相对的隔水边界。北部、东部、南部处于构造沉降区，为黄河冲积的多孔介质地层，颗粒粗、厚度大，为浅层地下水提供了良好的储存空间。九五滩北邻黄河，浅表饱气带岩性以粉土、粉砂为主，故黄河水和大气降水成为浅层地下水的主要补给来源。

根据地下水埋藏条件和水力性质，区内地下水可分为浅层含水层（潜水-微承压水）和中、深层含水层组（承压水）。

（1）浅层含水层组（潜水-微承压水）。浅层含水层组是该区主要含水层，也是水源地的开采层。水源地范围限于大堤以内的黄河河漫滩区。含水层底板埋深为75m左右，在此之上无稳定隔水层，含水层主要由粉砂、细砂、中砂组成，一般厚30～53m，自西向东、自南向北逐渐增厚。水源地开采前水位埋深为1～3m，开采后水位埋深为3～10m。根据地层结构，含水层组自上而下可分为3个含水段。

1）上含水层段。上含水层段底板埋深为9.5～15.4m，为全新统冲积粉砂、粉细砂，粒径为0.05～0.25mm的砂粒占42.5%～77.9%。富含淤泥质，砂层自西向东逐渐增厚，自北向南渐次变薄。北部和东部与下伏含水层相连。

2）中含水层段。中含水层段顶板埋深为9.5～15m，底板埋深为32.5～50.6m，含水层为上更新统中砂和细砂，粒径为0.1～0.5mm的砂粒占52.8%～96.6%。局部夹有粗砂和亚砂土及亚黏土透镜体。含水层颗粒粗、分选好、透水性强，一般厚20～35m，西部和南部较薄，仅厚7～10m。底板埋深自西向东、自南向北逐渐增大，与下伏砂层为侵蚀接触，故局部与下含水层段砂层相接（图2-7）。两者之间的亚砂土层具管状裂隙，水力联系密切。

3）下含水层段。下含水层段顶板埋深为50m左右，底板埋深为75m左右，含水层为中更新统冲湖积细砂、中粗砂，夹有亚砂土、亚黏土透镜体，厚10～14m，自南向北厚度增大。

通过对水源地勘探期资料与补充勘察资料、水源井施工资料进行比较，确定现含水层组特征与原勘探期相同。九五滩水源地水文地质剖面如图 2–7 所示。

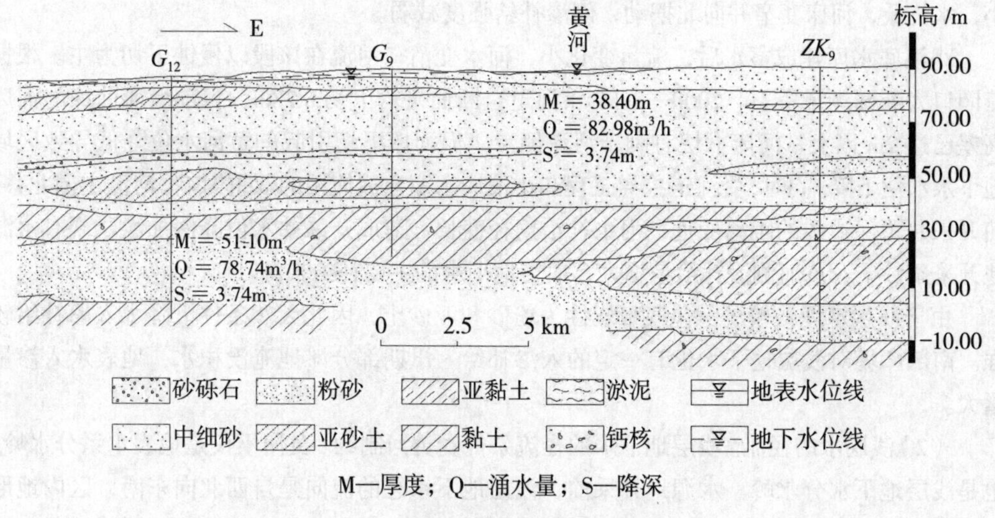

图 2–7 九五滩水源地水文地质剖面

根据勘探孔抽水实验资料，西部和西南部（畜牧四分场和三分场一带）及大堤南平原区富水性较差，单井涌水量为 1000 ～ 3000m^3/d（按降深 5m 计），导水系数（T）为 400 ～ 800m^2/d；北部和东部富水性好，单井涌水量为 3000 ～ 5000m^3/d（按降深 5m 计），导水系数（T）为 800 ～ 1200m^2/d。

水源地外围区，保合寨—惠济桥以西平原区单井涌水量为 500 ～ 1000m^3/d，黄土台塬区（邙山）单井涌水量小于 100m^3/d。

（2）中、深层含水层组（承压水）。在九五滩水源地勘探中，对中深层地下水控制程度较低，仅作大概了解。根据 G_2 孔资料，在 85 ～ 180m 深度内，含水砂层累计厚度近 70m，岩性为中更新统和部分下更新统冲湖积粉砂、细砂及中粗砂，分布不稳定，东部的 G_6 孔仅厚 24.7m。根据 G_6 孔深度为 88 ～ 115m 细砂含水层实验段的抽水资料，单位涌水量仅为 1.59$m^3/(h \cdot d)$，含水层导水系数（T）为 45m^2/d，中深层水位埋深为 3.9m 左右。

中、深层含水层组与浅层含水层组之间由厚近 20m 的黏土、亚黏土所隔，两者水力联系不密切。

2.3.4 水源地浅层地下水补给、径流和排泄

（1）浅层水的补给。天然条件下，浅层水的补给主要靠黄河和大气降水。

黄河由于受人工大堤约束，其所携泥沙沿河道大量沉积，河床逐渐抬高，成为“地上悬河”。黄河两侧堤距为 10km，水位高出大堤以南平原 2 ～ 3m。河床下是近代黄河沉积的多孔介质地层，上部为粉细砂，下部为中粗砂，河床下砂层与滩地浅层含水层组直接相连。

这一特定的地质环境使黄河源源不断地侧渗补给地下水，成为地下水的主要补给来源。这种补给随着黄河水位和流量的变化而变化，丰水年及每年的丰水期（7—10月），黄河涨水，水位增高，水面变宽，侧渗补给强度增大；枯水年及每年枯水期（11月至翌年6月）流量小，水位低，河床变窄并向北摆动，侧渗补给强度减弱。

小浪底水库建成蓄水后，流量变化小，河水变清，河流在该段以侵蚀下切为主。根据花园口大断面测量资料，2000—2002年河道全断面平均下切0.28m。目前漫滩前缘与河床高差已达2m以上，河床下切有利于河流侧渗，但河床下切引起的黄河水位降低导致区域地下水水位下降。同时，受河道控导工程和小浪底水库建成使用的双重影响，河流主槽北移，使开采井距河边线的距离变远，河水补给途径变长，造成开采井水位降深加大。现有水源地开采条件下，黄河侧渗补给量增大，成为地下水的主要补给来源。

由于浅层水埋藏较浅，包气带岩性为粉砂和亚砂土，因此天然条件下降水入渗补给较强。南部库塘对浅层地下水也有一定的入渗补给。汛期部分滩地淹没积水，地表水入渗量增大。

（2）浅层水的径流。浅层地下水的径流条件受黄河制约。黄河不仅是地表水系分水岭，也是浅层地下水分水岭。水源地开采前，浅层地下水总的流向是自西北向东南，区内地形平坦，地下水径流缓慢，水力坡度为0.1%～0. 2%。水源地开采后，地下水总体流向不变，开采井附近形成漏斗，水力坡度增大为0.3%～0. 6%。

（3）浅层水的排泄。水源地开采前，浅层地下水以径流和蒸发排泄为主，在勘察区南部以径流形式流出区外。漫滩区水位埋藏浅（1～3m），包气带岩性为亚砂土和粉砂，蒸发强烈，南部最甚，局部已盐碱化。水源地开采后，水位埋深增大，除河边线附近有蒸发外，其他地段蒸发量消失，流向南部区外的侧向径流排泄也明显变小，人工开采成为该区地下水排泄的主要形式。

2.3.5 水源地地下水动态特征

（1）水源地地下水天然动态特征。九五滩水源地地貌条件简单，天然状态下地下水除人畜饮用少量开采外，无其他因素干扰，地下水动态主要受黄河控制，与黄河水位关系密切，同时受大气降水的影响。其动态类型为单一的气象-水文型，年变幅为1.4～2.4m。年内最高水位出现在7—10月，与黄河行洪期一致，稍滞后于最高降水月份（7—8月）。每年3月有一个峰值，主要与春汛和积雪融化入渗有关。最低值出现在每年黄河枯水期和降水少的5—6月。九五滩地下水动态曲线如图2-8所示。

区内浅层水位动态表现为距黄河越近，水位变幅越小，地下水水位反应越敏感；距河边线越远，由黄河水位变化所引起的浅层水位变幅越小，滞后时间越长，受降水影响的控制作用则明显增强，年变幅增大。

（2）水源地地下水开采动态特征。从图2-8可以看出，随着九五滩水源地于1998年投入使用，地下水动态曲线呈持续下降趋势。滩区地下水动态类型已由勘探期的气象-水文型转化为水象-水象、开采型。黄河水位较高时，受开采影响的观测孔水位动态与黄河

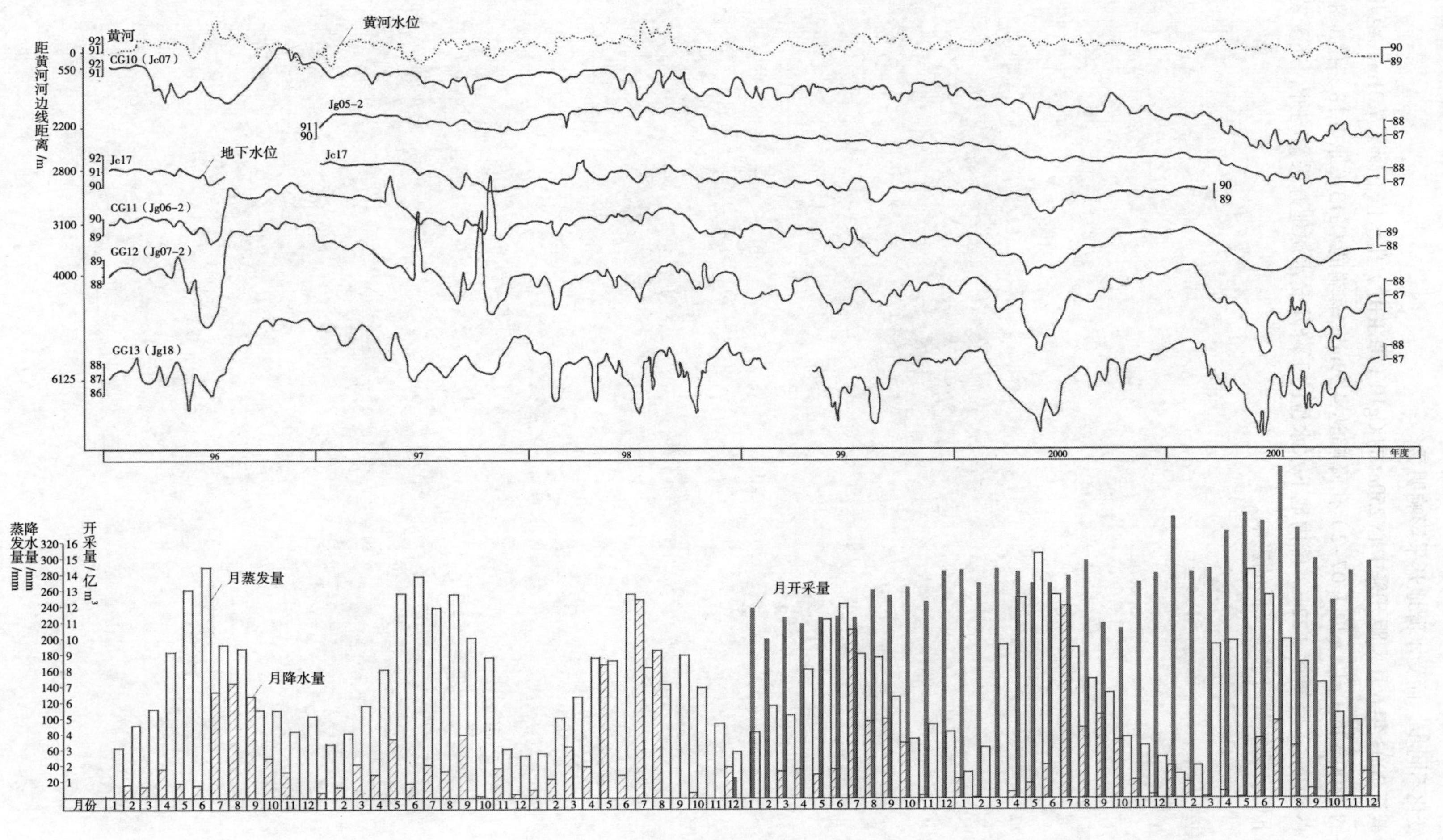

图2-8　九五滩地下水动态曲线

水位变化不同步，而受水源地开采影响明显。

截至 2003 年 6 月，距开采中心 250m 的 Cg10（原 Jc07）孔水位下降了 7.01m，距开采中心约 3800m 的 Cg12（原 Jg07–2）孔降幅达 4.59m，南端的 Cg13（原 Jc18）孔（距开采中心 5925m）降幅达 2.22m。区内地下水水位的下降除受水源地开采影响外，还受黄河河床下切引起的黄河水位降低的影响。

第3章　郑州市水资源概况

» 3.1　水资源量

本小节主要根据郑州市2016—2019年降水量、地表水资源量、地下水资源量和水资源总量的变化特征进行分析。

3.1.1　降水量

2015年，郑州市平均年降水量为582.1mm，比多年平均降水量少8.2%，折合降水总量为37.6628亿m^3，比上年增加9.6%，属平水年。2015年，全市降水时间主要集中在6月和8月，两个月的降水量占全年总降水量的32.1%。2015年，全市降水空间分布不均匀，南多北少。降水高值区出现在新密、新郑南部一带，降水低值区出现在中牟县东北部区域。

2016年，郑州市平均年降水量为648.4mm，比多年平均降水量增加2.3%，折合降水总量为41.9565亿m^3，比上年增加11.4%，属平水年。2016年，全市降水时间主要集中在6—8月，3个月的降水量占全年总降水量的53.5%。2016年，全市降水空间分布不均匀，降水高值区出现在荥阳市与新密市交界处，以及郑州市惠济区的花园口镇一带，降水低值区出现在荥阳市北部沿黄区域和新密市东部—新郑市中部—中牟县南部区域。

2017年，郑州市平均年降水量为524.1mm，比多年平均降水量的640.5mm减少18.2%，折合降水总量为33.9137亿m^3，比上年减少19.2%，属偏枯水年。2017年，全市降水时间分配主要集中在7—9月，3个月的降水量为274.9mm，占全年总降水量的52.5%。2017年，全市降水空间分布不均匀，降水高值区出现在荥阳市南部与新密市交界处，以及新密市超化镇—苟堂镇一带，降水低值区出现在荥阳市北部沿黄区域。

2018年，郑州市平均年降水量为559.3mm，比多年均值的635.6mm减少12.0%，折合降水总量为42.0102亿m^3，比上年增加23.8%，属平水年。2018年，全市降水时间主要集中在7—9月，3个月合计降水量为294.0mm，占全年总降水量的52.6%。2018年，全市降水空间分布不均匀，降水高值区出现在新密市小王庄和郑州市常庄水库附近，降水低值区出现在新郑市老观寨水库一带。

2019 年，郑州市平均年降水量为 483.6mm，比多年均值的 624.3mm 减少 22.5%，折合降水总量为 36.3259 亿 m^3，比上年减少 13.5%，属偏枯水年。2019 年，全市降水时间主要集中在 6—8 月，3 个月合计降水量为 298.1mm，占全年总降水量的 61.6%。2019 年，全市降水空间分布不均匀，降水高值区出现在郑州市经开区司赵村附近，降水低值区出现在登封市大冶镇附近。

总体而言，郑州市 2015—2019 年的年均降水量呈下降趋势，属平水—偏枯水年。全市降水时间主要集中在 6—9 月，降水空间分布不均匀。

3.1.2 地表水资源量

2015 年，郑州市地表水资源量为 4.2447 亿 m^3，比上年增加 19.9%，相比多年平均地表水资源量 5.9485 亿 m^3 减少 28.6%。2015 年，郑州市各县、市、区地表水径流深为 38.6 ～ 85.1mm。

2016 年，郑州市地表水资源量为 4.4484 亿 m^3，比上年增加 4.8%，相比多年平均地表水资源量 5.9485 亿 m^3 减少 25.2%。2016 年，郑州市各县、市、区地表水径流深为 43.8 ～ 87.2mm。

2017 年，郑州市地表水资源量为 2.8016 亿 m^3，比上年减少 37.0%，相比多年平均地表水资源量 5.9485 亿 m^3 减少 52.9%。2017 年，郑州市各县、市、区地表水径流深为 33.7 ～ 48.8mm。

2018 年，郑州市地表水资源量为 3.6424 亿 m^3，比上年增加 30.0%，相比多年平均地表水资源量 5.9485 亿 m^3 减少 38.8%。2018 年，郑州市各县、市、区地表水径流深为 44.5 ～ 55.1mm。

2019 年，郑州市地表水资源量为 2.8912 亿 m^3，比上年减少 20.6%，相比多年平均地表水资源量 5.9485 亿 m^3 减少 51.4%。2019 年，郑州市各县、市、区地表水径流深为 30.8 ～ 45.8mm。

总体而言，郑州市 2015—2019 年地表水资源量和各县、市、区地表水径流深均呈下降趋势。郑州市 2015—2019 年主要水文站实测径流量和天然径流量见表 3–1。

表 3–1　郑州市 2015—2019 年主要水文站实测净流量和天然径流量

年度	水文站名	集水面积 /km^2	实测径流量 / 万 m^3		天然径流量 / 万 m^3		连续最大 4 个月天然径流量起止月份
			年径流量	连续最大 4 个月径流量	年径流量	连续最大 4 个月径流量	
2015	告成	627.00	3200.00	1205.00	3754.00	1508.00	4—7
	新郑	1079.00	4815.00	1902.00	4938.00	2521.00	4—7
	中牟	2106.00	78475.00	33768.00	18250.00	8399.00	4—7
2016	告成	627.00	2841.00	1133.00	3723.00	1786.00	6—9

续表

年度	水文站名	集水面积/km²	实测径流量/万 m³		天然径流量/万 m³		连续最大4个月天然径流量起止月份
			年径流量	连续最大4个月径流量	年径流量	连续最大4个月径流量	
2016	新郑	1079.00	6444.00	3265.00	4644.00	3165.00	6—9
	中牟	2106.00	71466.00	29713.00	19431.00	10227.00	6—9
2017	告成	627.00	2870.00	1231.00	3018.00	1393.00	5—8
	新郑	1079.00	9015.00	3896.00	4532.00	2594.00	7—10
	中牟	2106.00	59378.00	22791.00	9395.00	5484.00	6—9
2018	告成	627.00	2940.00	1151.00	3064.00	1382.00	5—8
	新郑	1079.00	11358.00	5369.00	5767.00	2773.00	7—10
	中牟	2106.00	52083.00	23197.00	9553.00	6333.00	6—9
2019	告成	627.00	2819.00	1220.00	2760.00	1370.00	7—10
	新郑	1079.00	5147.00	2214.00	3297.00	1998.00	5—8
	中牟	2106.00	66232.00	24637.00	8845.00	5152.00	7—10

3.1.3 地下水资源量

2015年，郑州市地下水资源量为6.8387亿 m³，其中山丘区地下水资源量为4.3739亿 m³，平原区地下水资源量为3.0335亿 m³，平原区与山丘区地下水重复计算量为0.5687亿 m³。

2016年，郑州市地下水资源量为7.0425亿 m³，其中山丘区地下水资源量为4.2673亿 m³，平原区地下水资源量为3.3068亿 m³，平原区与山丘区地下水重复计算量为0.5316亿 m³。

2017年，郑州市地下水资源量为4.7909亿 m³，其中山丘区地下水资源量为3.5402亿 m³，平原区地下水资源量为1.7332亿 m³，平原区与山丘区地下水重复计算量为0.4825亿 m³。

2018年，郑州市地下水资源量为5.4516亿 m³，其中山丘区地下水资源量为3.5288亿 m³，平原区地下水资源量为2.3220亿 m³，平原区与山丘区地下水重复计算量为0.3992亿 m³。

2019年，郑州市地下水资源量为5.2876亿 m³，其中山丘区地下水资源量为3.6427亿 m³，平原区地下水资源量为2.0988亿 m³，平原区与山丘区地下水重复计算量为0.4539亿 m³。

总体而言，郑州市2015—2019年地下水资源量呈下降趋势，其中平原区地下水资源量变化浮动较大。

3.1.4 水资源总量

2015年，郑州市水资源总量为8.3983亿m^3，相比上年7.3201亿m^3增加1.0782亿m^3，增加幅度为14.7%，产水系数为0.22，产水模数为13.0万m^3/km^2。

2016年，郑州市水资源总量为8.8469亿m^3，相比上年8.3983亿m^3增加0.4486亿m^3，增加幅度为5.3%，产水系数为0.2109，产水模数为13.7万m^3/km^2。

2017年，郑州市水资源总量为5.5120亿m^3，相比上年8.8469亿m^3减少3.3349亿m^3，减少幅度为37.7%，产水系数为0.16，产水模数为8.5万m^3/km^2。

2018年，郑州市水资源总量为7.2782亿m^3，相比上年5.5120亿m^3增加1.7662亿m^3，增加幅度为32.0%，产水系数为0.17，产水模数为9.7万m^3/km^2。

2019年，郑州市水资源总量为6.3199亿m^3，相比上年7.2782亿m^3减少0.9583亿m^3，减少幅度为13.2%，产水系数为0.17，产水模数为8.4万m^3/km^2。

总体而言，郑州市2015—2019年水资源总量呈下降趋势，产水系数和产水模数均减少。

» 3.2 蓄水动态

本小节主要分析郑州市2016—2019年水库蓄水动态、平原区浅层地下水动态、平原区浅层地下水埋深以及地下水降落漏斗分布情况。

3.2.1 水库蓄水动态

2015年，郑州市13座中型水库年初蓄水量为0.4643亿m^3，年末蓄水量为0.4756亿m^3，年蓄水量增加0.0113亿m^3。

2016年，郑州市13座中型水库年初蓄水量为0.4716亿m^3，年末蓄水量为0.5235亿m^3，年蓄水量增加0.0519亿m^3。

2017年，郑州市13座中型水库年初蓄水量为0.5235亿m^3，年末蓄水量为0.4544亿m^3，年蓄水量减少0.0691亿m^3。

2018年，郑州市14座中型水库年初蓄水量为0.4624亿m^3，年末蓄水量为0.4665亿m^3，年蓄水量增加0.0041亿m^3。

2019年，郑州市14座中型水库年初蓄水量为0.4665亿m^3，年末蓄水量为0.4304亿m^3，年蓄水量减少0.0361亿m^3。

3.2.2 平原区浅层地下水动态

根据国家地下水监测工程自动监测井和浅层地下水长观井观测资料统计分析，2015 年郑州市浅层地下水平均水位较上年年末下降 0.50m，2016 年浅层地下水平均水位较上年年末上升 0.10m，2017 年浅层地下水平均水位较年初下降 0.64m，2018 年浅层地下水平均水位较年初上升 0.05m，2019 年浅层地下水平均水位较年初下降 0.06m。郑州市 2015—2019 年浅层地下水水位变化见表 3-2。

表 3-2 郑州市 2015—2019 年浅层地下水水位变化 单位：m

年度水位变化值	县（市、区）								合计
	新密市	新郑市	荥阳市	登封市	中牟县	郑州市区	航空港区	巩义市	
2015 年水位变化值	-1.19	0.10	0.35	0.07	-0.45	-2.08	-0.31	—	-0.50
2016 年水位变化值	2.72	-1.32	0.13	0.87	1.44	-2.26	-0.89	—	0.10
2017 年水位变化值	-2.16	-0.63	-1.02	-0.39	-0.9	1.24	-0.70	—	-0.64
2018 年水位变化值	1.43	-1.56	0.19	-0.26	-0.08	0.5	-0.09	-0.13	0.05
2019 年水位变化值	—	-0.14	—	—	-0.21	0.13	-0.12	—	-0.06

注 县、市、区浅层地下水水位变化值为年末减年初的差值，采用区域内和周边县、市、区临近的观测井计算；“-”表示下降，“—”表示无统计数据。

3.2.3 平原区浅层地下水埋深

郑州市 2015—2019 年平原区浅层地下水埋深分区面积统计见表 3-3，郑州市 2015—2019 年平原区地下水变幅分区面积统计见表 3-4。根据表 3-3 和表 3-4 可以明显看出，2015—2019 年，郑州市平原区浅层地下水埋深小于 6m 的分区面积呈减少趋势，大于 10m 的分区面积呈增加趋势。地下水埋深年末减年初变幅在 ±0.5m 以内的为地下水稳定区，分区面积逐年呈减少趋势；年末减年初变幅大于 0.5m 的为地下水下降区，分区面积逐年呈增加趋势；年末减年初变幅小于 -0.5m 的为上升区，分区面积逐年呈增加趋势。

3.2.4 郑州市区地下水降落漏斗分布情况

2015—2019 年，郑州市区浅层和中深层降落漏斗变化情况详见表 3-5。

表 3-3　郑州市 2015—2019 年平原区浅层地下水埋深分区面积统计

项目		分区				合计
年度	年末面积和占比	埋深＜ 6m	6 ≤埋深＜ 8m	8 ≤埋深＜ 10m	埋深＞ 10m	
2015	年末面积 /km²	27.50	1175.00	5267.80		6470.30
	占比 /%	0.43	18.16	81.41		100.00
2016	年末面积 /km²	50.00	540.00	5880.30		6470.30
	占比 /%	0.77	8.35	90.88		100.00
2017	年末面积 /km²	10.00	630.00	832.50	1252.00	2724.50
	占比 /%	0.37	23.12	30.55	45.96	100.00
2018	年末面积 /km²	0	480.00	720.00	1524.50	2724.50
	占比 /%	0	17.62	26.42	55.96	100.00
2019	年末面积 /km²	0	450.50	744.00	1529.500	2724.50
	占比 /%	0	16.54	27.32	56.14	100.00

表 3-4　郑州市 2015—2019 年平原区地下水变幅分区面积统计表

项目		分区			
年度	年末面积和占比	稳定区（–0.5m ≤变幅 ≤ 0.5m）	下降区（变幅＞ 0.5m）	上升区（变幅＜ –0.5m）	合计
2015	分区面积 /km²	4087.80	2080.00	302.50	6470.30
	占比 /%	63.18	32.15	4.67	100.00
2016	分区面积 /km²	5090.30	940.00	440.00	6470.30
	占比 /%	78.67	14.53	6.80	100.00
2017	分区面积 /km²	1494.50	1120.00	110.00	2724.50
	占比 /%	54.85	41.11	4.04	100.00
2018	分区面积 /km²	854.50	1205.00	665.00	2724.50
	占比 /%	31.36	44.23	24.41	100.00
2019	分区面积 /km²	377.50	1566.50	780.50	2724.50
	占比 /%	13.85	57.50	28.65	100.00

表 3-5 郑州市区浅层和中深层降落漏斗变化情况

年度	漏斗		浅层						中深层	
			枯水期			丰水期			枯水期	丰水期
			东漏斗区	西漏斗区	小计	东漏斗区	西漏斗区	小计		
2015	漏斗面积 /km^2		288.01	138.50	426.51	320.10	150.73	470.83	354.54	386.54
	漏斗中心情况	位置	金水区金水东路国土资源厅附近	惠济区古荥镇汉代冶铁遗址附近		金水区金水东路国土资源厅附近	惠济区古荥镇汉代冶铁遗址附近		二七区航海路中国电子集团二十七所——惠济区长兴路办事处南阳寨村委会附近	二七区航海路中国电子集团二十七所——惠济区长兴路办事处南阳寨村委会附近
		水位 /m	69.17	53.21		67.65	51.89		37.66（南）/24.71（北）	26.08（南）/22.97（北）
		埋深 /m	16.78	35.15		16.30	36.47		68.40（南）/ 58.40（北）	106.06（南）/60.14（北）
2016	漏斗面积 /km^2		319.00	146.63	465.63	317.10	132.72	449.82	466.94	464.81
	漏斗中心情况	位置	郑东新区河南省职业技术学校附近	荥阳市广武镇黑里村附近		郑东新区河南省职业技术学校附近	荥阳市广武镇黑里村附近		二七区航海路中州大学老校区	二七区航海路中州大学老校区
		水位 /m	62.11	61.07		63.40	62.19		22.64	28.44
		埋深 /m	19.27	41.96		20.98	40.84		83.79	77.99
2017	漏斗面积 /km^2		297.47	133.29	430.76	280.70	118.30	399.00	464.31	432.28
	漏斗中心情况	位置	郑东新区河南省职业技术学校附近	荥阳市广武镇黑里村附近		郑东新区龙子湖外环平安大道附近	荥阳市广武镇黑里村附近		管城区机场高速郑州南收费站附近	管城区机场高速郑州南收费站附近
		水位 /m	65.79	62.82		69.50	63.47		23.27	28.20
		埋深 /m	18.59	40.21		14.82	39.56		81.30	76.37

续表

年度	漏斗		浅层						中深层	
			枯水期			丰水期			枯水期	丰水期
			东漏斗区	西漏斗区	小计	东漏斗区	西漏斗区	小计		
2018	漏斗面积 /km^2		304.88	118.97	423.85	322.17	120.72	442.89	458.75	508.97
	漏斗中心情况	位置	郑东新区龙子湖外环平安大道附近	荥阳市广武镇黑里村附近		郑东新区龙子湖外环平安大道附近	荥阳市广武镇黑里村附近		管城区机场高速郑州南收费站附近	管城区机场高速郑州南收费站附近
		水位 /m	64.57	64.18		65.74	62.69		31.83	30.75
		埋深 /m	19.81	38.85		18.64	40.34		72.74	74.00
2019	漏斗面积 /km^2		296.79	105.17	401.96	280.31	98.31	378.62	428.33	423.29
	漏斗中心情况	位置	郑东新区龙子湖外环平安大道附近	荥阳市广武镇黑里村附近		郑东新区龙子湖外环平安大道附近	荥阳市广武镇黑里村附近		管城区机场高速郑州南收费站附近	管城区机场高速郑州南收费站附近
		水位 /m	62.29	62.78		63.25	63.42		33.19	31.19
		埋深 /m	22.09	40.25		21.13	39.61		71.38	75.97

3.3 水资源利用

本小节主要分析郑州市2016—2019年供水量、用水量、耗水量和废污水排放及处理情况。

3.3.1 供水量

2015年，郑州市总供水量为16.7325亿m^3，与上年相比增加2.5%。其中，地表水供水总量为7.5570亿m^3，占总供水量的45.2%；地下水供水量为8.3805亿m^3，占总供水量的50.1%；其他水源供水量为0.7950亿m^3，占总供水量的4.7%。

2016年，郑州市总供水量为17.9987亿m^3，与上年相比增加7.6%。其中，地表水供水总量为8.4837亿m^3，占总供水量的47.1%；地下水供水量为8.5972亿m^3，占总供水量的47.8%；其他水源供水量为0.9178亿m^3，占总供水量的5.1%。

2017年，郑州市总供水量为18.6541亿m^3，与上年相比增加3.6%。其中，地表水供水总量为10.1488亿m^3，占总供水量的54.4%；地下水供水量为6.6575亿m^3，占总供水量的35.7%；其他水源供水量为1.8478亿m^3，占总供水量的9.9%。

2018年，郑州市总供水量为20.7064亿m^3，与上年相比增加11.0%。其中，地表水供水总量为11.0503亿m^3，占总供水量的53.3%；地下水供水量为7.0107亿m^3，占总供水量的33.9%；其他水源供水量为2.6454亿m^3，占总供水量的12.8%。

2019年，郑州市总供水量为21.6518亿m^3，与上年相比增加4.6%。其中，地表水供水总量为11.3975亿m^3，占总供水量的52.6%；地下水供水量为6.6468亿m^3，占总供水量的30.7%；其他水源供水量为3.6075亿m^3，占总供水量的16.7%。

总体而言，郑州市2015—2019年总供水量不断增加，其中，地表水供水总量占比不断增加，地下水供水总量占比有所减少，但地表水和地下水供水总量占比依旧较大。

3.3.2 用水量

2015年，郑州市用水总量为16.7325亿m^3，其中，生活用水量最多，为5.2081亿m^3，占总用水量的31.1%；农业用水量为4.7454亿m^3，占总用水量的28.4%；工业用水量为4.8236亿m^3，占总用水量的28.8%；生态环境用水量为1.9554亿m^3，占总用水量的11.7%。

2016年，郑州市用水总量为17.9987亿m^3，其中，生活用水量最多，为5.3853亿m^3，占总用水量的29.9%；农业用水量为5.1158亿m^3，占总用水量的28.4%；工业用水量为4.9184亿m^3，占总用水量的27.3%；生态环境用水量为2.5792亿m^3，占总用水量的14.4%。

2017 年，郑州市用水总量为 18.6541 亿 m^3，其中，生活用水量最多，为 6.0156 亿 m^3，占总用水量的 32.3%；农业用水量为 4.2597 亿 m^3，占总用水量的 22.8%；工业用水量为 4.8549 亿 m^3，占总用水量的 26.0%；生态环境用水量为 3.5239 亿 m^3，占总用水量的 18.9%。

2018 年，郑州市用水总量为 20.7064 亿 m^3，其中，生活用水量最多，为 6.5996 亿 m^3，占总用水量的 31.9%；农业用水量为 4.2318 亿 m^3，占总用水量的 20.4%；工业用水量为 5.2669 亿 m^3，占总用水量的 25.4%；生态环境用水量为 4.6081 亿 m^3，占总用水量的 22.3%。

2019 年，郑州市用水总量为 21.6518 亿 m^3，其中，生活用水量最多，为 7.2971 亿 m^3，占总用水量的 33.7%；农业用水量为 4.2408 亿 m^3，占总用水量的 19.6%；工业用水量为 4.9855 亿 m^3，占总用水量的 23.0%；生态环境用水量为 5.1284 亿 m^3，占总用水量的 23.7%。

总体而言，郑州市 2015—2019 年用水总量不断增加，其中，生活用水量最多，生态环境用水量占比不断增加，工业用水量占比有所减少，农业用水量变化不大，但在 2019 年占比减少。

3.3.3 耗水量

2015—2019 年，郑州市耗水总量持续增加，其中各耗水量占比从大到小依次为农业、生态环境、生活、工业。郑州市 2015—2019 年耗水量见表 3-6。

表 3-6 郑州市 2015—2019 年耗水量

年度	耗水总量 / 亿 m^3	农业		工业		生活		生态环境	
		耗水量 / 亿 m^3	占比 /%	耗水量 / 亿 m^3	占比 /%	耗水量 / 亿 m^3	占比 /%	耗水量 / 亿 m^3	占比 /%
2015	7.9950	2.9622	37.05	1.2292	15.37	1.8482	23.12	1.9554	24.46
2016	8.4452	3.2135	38.05	1.2291	14.55	2.0901	24.75	1.9125	22.65
2017	8.5666	3.0402	35.55	1.1817	13.81	2.0319	23.75	2.3028	26.91
2018	9.2508	2.9953	32.41	1.2593	13.61	2.2111	23.90	2.7851	30.08
2019	10.0030	3.1438	31.42	1.2500	12.50	2.6383	26.38	2.9712	29.70

3.3.4 废污水排放及处理情况

2015 年，郑州市废污水排放量为 7.0711 亿 m^3，废污水处理量为 6.8750 亿 m^3。郑州市城镇污水处理厂个数为 20 个，污水处理能力约为 170 万 t/d，污水实际处理量为 5.3436 亿 m^3，其中生活污水处理量为 5.0133 亿 m^3，工业废水处理量为 0.3303 亿 m^3。

2016 年，郑州市污水排放量为 4.9472 亿 m^3，污水处理量为 4.8497 亿 m^3，城市污水处理率为 98.03%。郑州市主城区范围内共有污水处理厂 6 座，设计日污水处理能力为 145

万 m^3，处理范围覆盖城市污水、工业园区污水和工业废水等。

2017 年，郑州市废污水排放量为 7.6497 亿 m^3，平均废污水排放量为 209.6 万 m^3/d。郑州市主城区范围内共有污水处理厂 8 座，总设计污水处理能力为 240 万 m^3/d，日均污水处理能力约为 170 万 m^3，基本实现污水全收集、全处理。污水处理后的再生水利用量约为 29 万 m^3/d，回用率为 17%。

2018 年，郑州市废污水排放量为 8.3961 亿 m^3，平均废污水排放量为 230 万 m^3/d。郑州市主城区范围内共有城镇生活污水处理厂 8 座，总设计污水处理能力为 230 万 m^3/d，日均生活污水处理能力约为 187 万 m^3，基本实现污水全收集、全处理。中水直接利用量约为 $25m^3/d$，其余排水进入市区主要河道，作为生态水系的水源。

2019 年，郑州市运行中的污水处理厂有 75 座，污水处理能力为 335.51 万 m^3/d。据统计，郑州市污水处理厂全年污水实际处理量为 9.1708 亿 m^3，中水利用量为 3.3931 亿 m^3。

» 3.4 水资源管理

3.4.1 实行最严格水资源管理制度

2016 年 4 月，河南省最严格水资源管理制度考核组对郑州市 2015 年度落实最严格水资源管理制度情况进行考核。经过省考核组资料复核和现场检查，在全省 18 个省辖市和 10 个省直管县中，郑州市考核结果为良好，各县（市、区）、开发区考核结果均在合格以上，同时郑州市在“十二五”期间考核结果为优秀。

2017 年 3 月，河南省最严格水资源管理制度考核组对郑州市 2016 年度落实最严格水资源管理制度情况进行考核。经过省考核组资料复核和现场检查，在全省 18 个省辖市和 10 个省直管县中，郑州市考核结果为优秀，各县（市、区）、开发区考核结果均在合格以上。

2018 年 3 月，河南省最严格水资源管理制度考核组对郑州市 2017 年度落实最严格水资源管理制度情况进行考核。经过省考核组资料复核，在全省 18 个省辖市和 10 个省直管县中，郑州市考核结果为优秀，各县（市、区）、开发区考核结果均在合格以上。

2019 年 3 月，河南省最严格水资源管理制度考核组对郑州市 2018 年度落实最严格水资源管理制度情况进行考核。经过省考核组资料复核，在全省 18 个省辖市和 10 个省直管县中，郑州市考核结果为优秀，各县（市、区）、开发区实行最严格水资源管理制度目标完成情况考核结果均在合格以上。

3.4.2 水资源管理体制改革

2016 年 9 月 19 日，新郑市人民政府与南阳市水利局签订了水权交易协议。2016 年 12

月 29 日，登封市人民政府与南阳市水利局签订了水权交易协议。自 2015 年水权试点工作启动以来，郑州市共完成跨流域、跨区域水量交易 3 宗，每年交易水量累计达 1.22 亿 m^3。

2017 年 12 月 1 日，郑州市水利部门联合税务部门开展“零点行动”，各县（市、区）对本辖区内所有取水户水表读数进行抄录登记，为水资源税的开征提供了基础保障。

2018 年，郑州市水利、税务和城市管理部门相互配合，推动无证取水户接通自来水。对管网覆盖范围内的无证取水户，为其发放临时取水许可证或临时取水编码，给予自来水接通过渡期，督促其及时接通自来水，封停自备井。通过水资源费改税，将原有的行政事业性收费改为法定税收，将水资源费征收提升至法律层级，水资源纳税人缴纳水资源税的积极性及缴纳意识明显提升和增强。

2019 年，根据《郑州市机构改革方案》，将市水务局的水资源调查和确权登记管理职责交由新组建的市自然资源和规划局承担；市水务局的编制水功能区划、排污口设置管理、流域水环境保护职责交由新组建的市生态环境局承担；市水务局更名为市水利局。

3.4.3 地下水压采

根据《河南省南水北调受水区地下水压采实施方案》要求，结合市替代水源工程和管网配套工程建设情况，郑州市印发《郑州市人民政府关于印发郑州市地下水压采实施方案的通知》，成立了地下水压采领导小组，制定了 2015—2020 年压采方案，郑州市地下水计划压采总量为 6348 万 m^3，其中浅层水压采 2212 万 m^3，深层承压水压采 4137 万 m^3。

2017 年，郑州市地下水压采工作在保持 2016 年良好态势的基础上持续推进，提前完成“十三五”地下水压采任务。2017 年，郑州市地下水压采量达 3131 万 m^3，处置井数达 1717 眼。

在 2017 年超额完成 5 年压采任务的基础上，2018 年，郑州市共完成地下水压采量 732 万 m^3，处置井数为 317 眼，超额完成河南省水利厅下达的 130 万 m^3 的年度压采任务。根据省水利厅、省住建厅相关要求，郑州市水利局联合市城管局联合印发《关于规范和持续推进公共供水管网覆盖范围内自备井封井工作的通知》，制定了郑州市 2018—2020 年 3 年封井计划，确保郑州市地下水资源尽快实现采补平衡。

2019 年，郑州市持续强力压采地下水，共完成压采量 783 万 m^3，处置井数为 203 眼，提前完成河南省水利厅下达的年度压采任务。

第4章　郑州市水资源承载力和地下水脆弱性评价

》4.1　水资源承载力评价

4.1.1　水资源承载力指标选取原则

区域水资源承载力综合评价指标体系是对区域内水资源、生态、社会与经济相互之间统一协调以及可持续发展状况进行综合研究与评价的依据和标准。区域水资源承载力综合指标体系的确立应能全面客观地反映区域水资源、生态、社会与经济发展的协调程度，不仅可以指导区域水资源合理利用，促进区域的可持续发展，而且指标概念清晰明确，便于数据收集，有利于区域水资源承载力的定量化研究。

本书从系统协调论的角度出发，将郑州市水资源、生态、社会与经济看作一个复杂的系统，构成复杂系统的4个子系统之间相互影响、相互制约，构成一个不可分割的整体。另外，鉴于郑州市水资源、生态、社会与经济的实际发展状况，选取水资源承载力综合评价指标体系时，应遵循以下基本原则：①系统性，即水资源复合系统本身具有系统性，各子系统之间相互联系、相互作用，其系统功能远远超过各子系统功能的简单线性相加，任何一个子系统的发展均制约并影响其他子系统的发展[60]；②区域性，即影响每个区域水资源承载力的资源、生态、社会与经济等复合系统的因素具有区域差异性；③动态性，即水资源承载力并非处于一种静止状态，而是随着时间的推移发展、变化；④目的性，在系统协调论和可持续发展理论的指导下，水资源复合系统具有明确的目的性，即实现水资源复合系统的良性循环。

4.1.2　综合评价指标体系的构建

本书在前人研究的基础上，对影响郑州市水资源承载力的自然资源要素，以及生态、社会与经济发展状况等因素，进行综合判断、比较与分析，选择与水资源可持续发展联系密切且具有针对性的指标作为评价依据。郑州市水资源承载力综合评价指标体系及其权重见表4–1。

表4–1 郑州市水资源承载力综合评价指标体系及其权重

目标	指标	单位	数据来源或计算方法	权重
水资源系统指标（Z_1）	全年降水量（X_1）	mm	统计数据	0.02508
	供水模数（X_2）	万 m^3/hm^2	供水量区域面积	0.03795
	产水系数（X_3）	%	统计数据	0.03708
	水资源量（X_4）	亿 m^3	统计数据	0.03413
社会指标（Z_2）	人口密度（X_5）	人 /hm^2	统计数据	0.03568
	生活用水定额（X_6）	m^3/（人·d）	生活用水量 /（总人数·365 天）	0.01734
	人口自然增长率（X_7）	%	统计数据	0.02713
	总人口数（X_8）	万人	统计数据	0.03568
	城镇化率（X_9）	%	统计数据	0.03683
经济系统指标（Z_3）	人均 GDP（X_{10}）	元	统计数据	0.03722
	工业废水排放达标率（X_{11}）	%	工业废水排放达标量 / 工业废水排放量	002432
	农业用水定额（X_{12}）	m^3/ 万元	农业用水量 / 第三产业产值	0.04129
	工业用水定额（X_{13}）	m^3/ 万元	工业用水量 / 第二产业产值	0.04048
	灌溉覆盖率（X_{14}）	%	有效灌溉面积 / 耕地面积	0.04209
	工业废水处理达标（X_{15}）	%	工业废水处理达标量 / 年供水量	0.03937
	GDP 增长率（X_{16}）	%	统计数据	0.04355
生态系统指标（Z_4）	生活化学需氧量排放量	m^3	统计数据	0.04536
	城镇生活污水排放量	万 m^3	统计数据	0.02944
	当年增加的森林覆盖率	%	当年造林面积 / 行政区域面积	0.02954

续表

目标	指标	单位	数据来源或计算方法	权重
综合协调指标（Z_5）	用水总量	亿 m^3	统计数据	0.03185
	人均耕地面积	hm^2/ 人	耕地面积 / 总人口数	0.02993
	耗水率	%	耗水量 / 用水总量	0.01493
	人均用水量	m^3/ 人	用水量 / 总人口数	0.02352
社会协调指标（Z_6）	人均水资源量	m^3/ 人	水资源总量 / 总人口数	0.02945
	用水保障率	%	用水人口 / 总人口数	0.06484
经济协调指标（Z_7）	万元 GDP 产污量	m^3/ 万元	统计数据	0.03927
	万元 GDP 用水量	m^3/ 元	水资源总量 /GDP	0.03476
生态协调指标（Z_8）	污水处理率	%	统计数据	0.03679
	地下水降落漏斗面积	hm^2	统计数据	0.03507

4.1.3　数据处理

确定郑州市水资源承载力评价指标体系之后，本书采用熵值定权法对构成评价体系的指标进行同趋化处理、无量纲化处理以及权重的确定。熵值定权法是客观评价某个指标相对于上一目标层重要性的方法，它根据指标所提供的信息量的多少赋予该指标权重，人的主观参与较少。在信息论中，熵是一种对信息不确定性的测度。某个指标提供的信息量越多，其不确定性就越小，熵值也就越小。根据熵的本质特性，可以用熵值来判断某个指标的离散程度，指标的离散程度越大，该指标对综合评价的作用越大；反之，指标的离散程度越小，该指标对综合评价的作用越小。因此，可根据各项指标的差异程度，利用信息熵这个工具，计算出各个指标的权重，为多指标综合评价提供依据。具体计算步骤如下。

步骤 1：数据同趋化处理和无量纲化处理。

当 X 越大越好时，

$$X'_{ji}=\frac{X_{ji}-\min(X_{j1},X_{j2},\dots,X_{jn})}{\max(X_{j1},X_{j2},\dots,X_{jn})-\min(X_{j1},X_{j2},\dots,X_{jn})}+1 \tag{4-1}$$

当 X 越小越好时，

$$X'_{ji}=\frac{\max(X_{j1},X_{j2},\dots,X_{jn})-X_{ji}}{\max(X_{j1},X_{j2},\dots,X_{jn})-\min(X_{j1},X_{j2},\dots,X_{jn})}+1 \tag{4-2}$$

式（4-1）和式（4-2）中，i=1，2，⋯，n；j=1，2，⋯，m。为了方便起见，记处理之后的 $X'_{ji}=X_{ji}$。在本书中，i 代表年度，j 代表水资源评价指标体系中的各项评价指标。

步骤2：计算第j项指标第i年度所占的比例。计算公式为

$$P_{ji}=\frac{X_{ji}}{\sum_{i=1}^{n}X_{ji}} \tag{4-3}$$

步骤3：计算第j项指标的熵值。计算公式为

$$e_j=-k\sum_{i=1}^{n}P_{ji}\ln P_{ji} \tag{4-4}$$

式（4-4）中，$k>0$，ln为自然对数。常数k与样本n存在一定关系，一般令$k=1/\ln n$，则$0\leqslant e\leqslant 1$。在本书中，样本数n为15，因此$k=1/\ln 15$。

步骤4：计算第j项指标的差异系数。对于第j项指标而言，指标X_{ji}的差异性越大，其对评价对象的影响作用越大，熵值反而越小；指标X_{ji}的差异性越小，其对评价对象的影响作用越小，熵值反而越大。可见，差异系数与熵值成反比。计算公式为

$$g_j=1-e_j \tag{4-5}$$

步骤5：计算所得权重。权重反映的是各个低层次指标相对于上一层次目标的重要程度，权重越大，相对于上一层次目标就越重要，即权重越大。计算公式为

$$W_j=\frac{g_j}{\sum_{j=1}^{m}g_j} \tag{4-6}$$

步骤6：计算各年度的综合评价结果。计算公式为

$$Z_j=\sum_{j=1}^{m}W_jP_{ji} \tag{4-7}$$

4.1.4 模型的建立

依据郑州市水资源承载力综合评价指标体系，郑州市水资源承载力评价模型为

$$CW=\sqrt[3]{CHI\times CCI\times(\alpha F_eI+\beta F_pI)} \tag{4-8}$$

式中 CHI ——水资源复合系统协调指数；

CCI ——水资源复合系统承载压力指数；

F_eI ——水资源复合系统经济压力指数；

F_pI ——水资源复合系统人口压力指数；

α、β ——待定参数。

在原模型中，参数α、β的取值均为0.5。在本书中，结合本书的研究对象和目的，工业用水和城市生活环境用水的比值能够反映经济活动和人口分别在郑州市水资源承载力方面所占的比例。因此，α、β分别取每一年度的工业用水和城市生活环境用水的相对比值作为其具体值。α、β具有动态性，是随着年度变化而变化的动态参数值。

根据以上水资源承载力模型，水资源承载力综合指标定量标准确定如下[60]（表4-2）。

表 4-2　水资源承载力综合指标度量标准

CW	0 ～ 0.50	0.51 ～ 0.80	0.81 ～ 1.00	1.01 ～ 1.30	＞ 1.30
承载等级	承载盈余，水资源丰富	承载适宜，水资源利用协调	濒临超载，水资源紧张	轻度短缺，水资源短缺	严重超载，水资源严重缺乏

一、水资源复合系统协调指数

水资源复合系统协调指数是反映水资源复合系统各子系统之间或者系统内部要素之间配合协调状况及好坏程度的定量指标。本书依据协调度的含义，采用变异系数表示社会、经济、生态与水资源系统的协调程度。变异系数也称离散系数，它反映的是几组数据之间的变异或离散程度，适用于几组不同单位资料的变异度之间的相互比较。变异系数是一个无量纲比值，故可以对具有不同单位的观察值的离散程度进行比较。其计算公式为

$$CHI=\frac{S}{\overline{X}} \tag{4-9}$$

式中　S——标准差；

X——平均值。

其中

$$W_{\mathrm{j}}=\sqrt{\frac{\sum_{\mathrm{i}=1}^{m}(X_{\mathrm{i}}-\overline{X})^2}{n-1}} \tag{4-10}$$

CHI 取值越大，表明社会、经济、生态与水资源复合系统协调发展程度越高；反之则越低。本书将综合协调以及社会、经济、生态与水资源系统协调的数据（Z_5、Z_6、Z_7、Z_8）代入以上协调指数模型，计算可得出郑州市水资源复合系统协调指数。

二、水资源复合系统承载压力指数

水资源复合系统承载压力指数是水资源系统压力指数与水资源系统承压指数的比值。水资源系统压力指数反映的是社会、经济、生态等对水资源的消耗程度及压力状况。水资源系统承压指数反映的是本区域内水资源能够承载社会、经济、生态等的能力程度。其具体计算公式为

$$CCI=\frac{CCP}{CCS} \tag{4-11}$$

式中　CCP——水资源复合系统压力指数；

CCS——水资源复合系统承压指数。

本书采用 Z_2、Z_3、Z_4 的数据计算水资源复合系统压力指数；采用 Z_1 的数据对水资源复合系统承压指数进行计算。当 $CCI \leqslant 1$ 时，说明区域水资源复合系统的发展处于可持续状态。其计算公式为

$$Z_i = \sum_{j=1}^{m} W_j X_{ji} \quad (4\text{–}12)$$

三、水资源复合系统经济压力指数

水资源复合系统经济压力指数反映的是经济活动对水资源的压力状况，计算公式为

$$F_e I = \frac{GDP_n}{F_e} \quad (4\text{–}13)$$

式（4–13）中，F_e 为水资源承载的最大经济规模，$F_e = \frac{GDP}{W_d} W_s$，其中 W_d 为研究区域社会、经济系统的最低用水总量。本书根据河南省水利厅实施的《用水定额：河南省地方标准》（DB41/T 385—2009）的人均综合用水量和万元 GDP 用水量的用水定额得出 W_d 值；W_s 为水资源最大可利用总量，本书取值为所选样本的最大供水量；GDP 是用水为 W_d 时产生的国内生产总值；GDP_n 为当前国内生产总值。

四、水资源复合系统人口压力指数

水资源复合系统人口压力指数反映的是人口对水资源的压力状况，其计算公式为

$$F_p I = \frac{P_n}{F_p} \quad (4\text{–}14)$$

式中 F_p——区域在某一社会发展阶段，水资源所能供养的最大人口规模，$F_p = \frac{GDP}{GDP_p}$，GDP_p 为区域在某一社会发展水平下的人均国内生产总值的下限值（由于样本时间跨度较长，因此 GDP_p 取所选样本期间的人均国内生产总值的平均值）；

P_n——实际人口规模。

为使社会、经济能够实现可持续发展，应保证区域内经济和人口规模不超过当前条件下水资源的最大支持能力，即 $F_e I \leqslant 1$、$F_p I \leqslant 1$。

4.1.5 结果与分析

本书以郑州市 1999—2013 年水资源综合指标体系的构成指标为基础数据，将其进行标准化处理后的数据代入水资源承载力综合评价模型的公式［式（4–8）］，得到的各项评价结果见表 4–3。

表 4–3 郑州市水资源承载力综合评价结果

年度	CHI	CCI	F_eI	F_pI	CW
1999	0.3616	4.3192	0.5537	0.7925	1.0078
2000	0.2382	3.9473	0.6372	0.8355	0.8733

续表

年度	*CHI*	*CCI*	F_eI	F_PI	*CW*
2001	0.2646	3.8227	0.7137	0.8494	0.9214
2002	0.2215	4.2859	0.7995	0.8629	0.9211
2003	0.1758	4.4656	0.9397	0.8754	0.8942
2004	0.1274	4.3119	1.1681	0.8886	0.8283
2005	0.0725	4.1664	1.4528	0.8984	0.7130
2006	0.1014	4.3007	1.7565	0.9088	0.8427
2007	0.1007	4.0004	2.1755	0.9230	0.8617
2008	0.1537	4.2151	2.6358	0.9330	1.0355
2009	0.1356	4.1525	2.8945	0.9437	1.0074
2010	0.1365	3.8523	3.5352	1.0867	1.0477
2011	0.1856	3.6637	4.3566	1.1113	1.1475
2012	0.1956	3.3849	4.8553	1.1331	1.1671
2013	0.1820	3.6410	5.4257	1.1532	1.2680

一、水资源复合系统协调指数分析

水资源复合系统协调指数（*CHI*）越大，说明该区域社会、经济、生态与水资源复合系统协调发展程度越高，即它们之间的平衡性越强；反之，则越低，平衡性越弱。由表 4–3 可知，1999—2013 年，郑州市水资源复合系统协调指数的最大值为 0.3616，最小值为 0.0725。其中 1999—2002 年，郑州市水资源复合系统协调指数均大于 0.2，说明此时期郑州市社会经济的发展以及生态环境所需用水与郑州市的水资源处于一个供需较为平衡的状态，水资源能勉强支撑其总体发展；2003—2013 年，水资源复合系统协调指数均小于 0.2，说明郑州市水资源与社会、经济、生态的发展处于极不协调的状态。

郑州市水资源复合系统协调指数变化趋势如图 4–1 所示。从图 4–1 中可以看出，1999—2013 年，郑州市水资源复合系统协调指数整体处于下降趋势，并呈“V”字形。郑州市水资源协调指数变化趋势大致可以分为两个明显的阶段：1999—2005 年，协调指数呈明显的下降趋势，直至 2005 年下降到最低值；之后，协调指数较前一阶段有所上升且波动较大，上升幅度不是很大。造成此变化趋势的原因是前一阶段尽管工业、农业的水资源利用效率不是很大，对水资源的消耗较大，但在城镇化发展较慢的情况下，第二、第三产业的比例相对较小，对水资源的需求不是很大，加之人们对生活环境和生活质量的需求不是很高，因此水资源利用在总量基数方面偏小，水资源与经济活动之间相对协调。随着城镇化发展速度的加快、工业化水平的提升、污水处理技术的改进和水资源重复利用率的提高，以及人们受教育程度的提高和用水观念的改变，郑州市工业、农业、生活等用水效率相应提高，但是也增加了水资源利用的广度。因此这一阶段，郑州市水资源复合系统协调指数处于下降趋势。

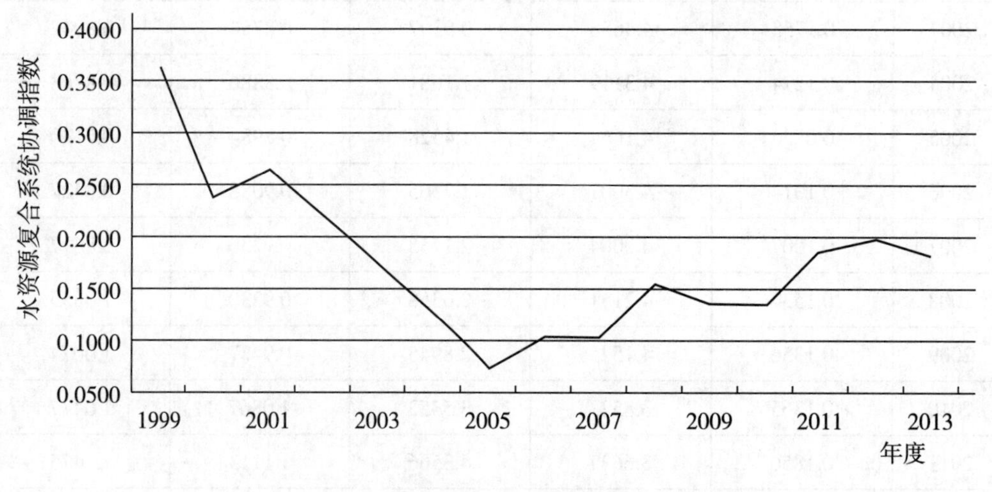

图 4–1　郑州市水资源复合系统协调指数变化趋势

二、水资源复合系统承载压力指数分析

水资源复合系统承载压力指数（*CCI*）是指该区域水资源所承载的社会、经济、生态环境复合系统的压力指数。当 $CCI \leqslant 1$ 时，说明该区域水资源复合系统的发展处于可持续状态；反之，处于不可持续的超载状态。从表 3–3 中可以看出，1999—2013 年，郑州市水资源复合系统的承载压力指数均大于 1，说明郑州市水资源复合系统承载压力较大，处于一种超载状态，*CCI* 最大值达到 4.4656，最小值为 3.3849。

郑州市水资源复合系统承载压力指数变化趋势如图 4–2 所示。从图 4–2 中可以看出，1999—2013 年，郑州市水资源复合系统承载压力指数变化趋势波动较大，有升有降。究其原因，主要表现在以下两个方面：在人口增长方面，随着城镇化发展速度的加快，郑州市城镇化率从 53.9% 提升到 67.1%，郑州市的人口从 1999 年的 631.06 万人增加到 2013 年的 919.1 万人，期间大约增长了 50%，另外人们生活水平的提高也增加了水资源的利用渠道，进一步加大了郑州市城市生活用水、城市环境用水等需求；在经济发展方面，郑州市遵循城镇化、农业现代化、信息化和工业化“四化同步”的道路，经济发展逐渐从第一产业向第二、第三产业转移，人均国内生产总值由 1999 年的 10091 元增加到 2013 年的 68070 元，增加了近 6 倍，同时城市生活污水、工业污水排放量和生态环境用水的不断增加，给水资源造成了巨大的压力，而受社会的发展、工业节水技术的进步和用水设备的改良，以及污水处理技术的发展、农业现代灌溉水利设施的修建和人们环保节水意识的增强等影响，郑州市水资源承载压力指数并没有呈上升的趋势。

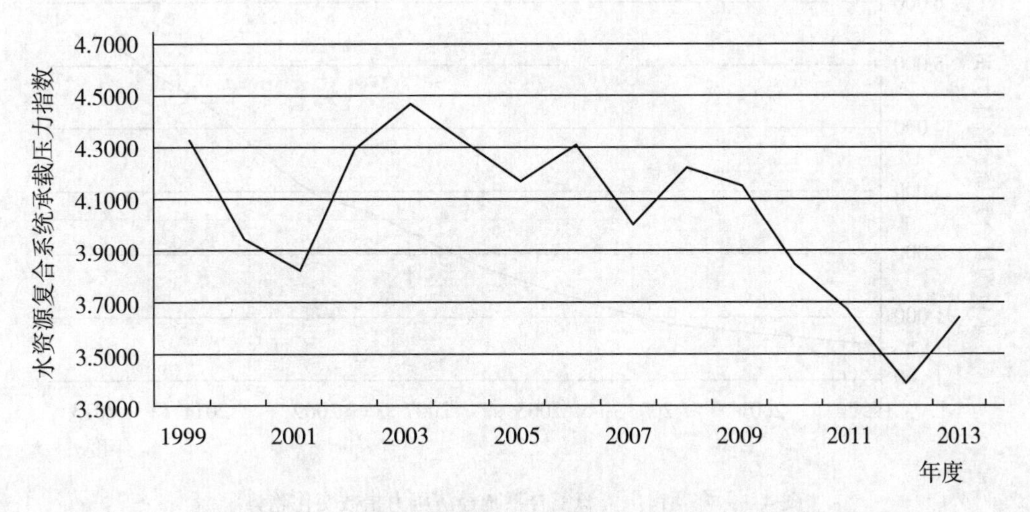

图 4–2　郑州市水资源复合系统承载压力指数变化趋势

三、水资源复合系统经济压力指数分析

水资源复合系统经济压力指数（$F_e I$）是指该区域水资源所承载的经济发展压力指数。数值越大，说明经济发展对水资源造成的承载压力越大；反之，压力越小。由表 4–3 可知，1999—2003 年，经济压力指数均小于 1，说明郑州市经济发展与水资源之间处于协调发展的状态。2004—2013 年，经济压力指数均大于 1，说明从 2004 年开始，郑州市经济发展与水资源之间出现严重冲突，处于不可持续状态。

郑州市水资源复合系统经济压力指数变化趋势如图 4–3 所示。1999—2013 年，郑州市水资源复合系统经济压力指数呈明显增长趋势，且增长速度较快。究其原因，在于郑州市经济发展处于不断增温趋势，国内生产总值由 1999 年的 632.9 亿元增加到 2013 年的 6201.8 亿元，约增加 9 倍。从中可以看出，第二、第三产业的增加速度较快，且第二产业的增加速度快于第三产业，处于领先地位。郑州市第一、第二、第三产业产值变化趋势如图 4–4 所示。虽然技术进步使万元 GDP 用水量逐年减少，但是由此减少的量不足以抵消由国内生产总值的增加而带来的总需水量的增加。总体而言，郑州市经济压力指数在不断提高。

四、水资源复合系统人口压力指数分析

水资源复合系统人口压力指数（$F_p I$）表示区域水资源所承载的人口压力指数。数值越大，说明该区域水资源所承载的人口压力越大；反之，则越小。由表 4–3 可知，1999—2009 年，郑州市人口压力指数为 0.7 ～ 1，说明郑州市人口规模较大，濒临水资源的最大支撑能力，表明该区域水资源趋于匮乏。2010—2013 年，郑州市人口压力指数均大于 1，说明郑州市人口规模超出了郑州市水资源的最大支撑能力，水资源严重缺乏。

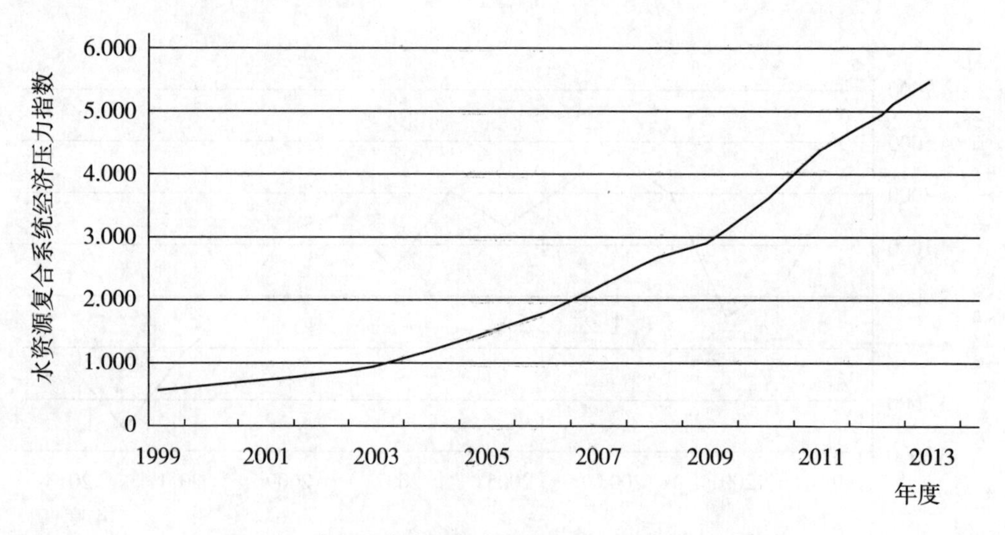

图 4-3　郑州市水资源复合系统经济压力指数变化趋势

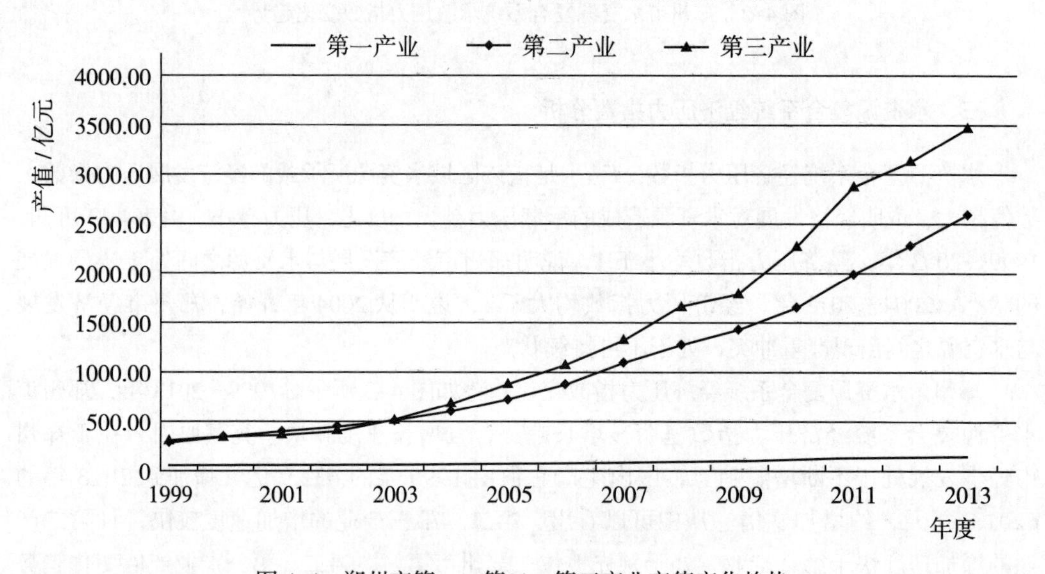

图 4-4　郑州市第一、第二、第三产业产值变化趋势

郑州市水资源复合系统人口压力指数变化趋势如图 4-5 所示。从图 4-5 中可以看出，1999—2013 年，郑州市人口压力指数整体上处于上升趋势。1999—2009 年，人口压力指数增长速度较为缓慢；2009—2011 年，人口压力指数增长速度加快；2011 年之后，人口压力指数增长速度又趋于和缓。2009 年之前，人口压力指数增长速度缓慢，其原因可能是国家实行计划生育政策，有效地控制了人口过快增长；2009 年之后，人口压力指数增长速度加快，其原因可能是农村剩余劳动力增加以及城镇化发展速度加快对劳动力人口的拉力作用，使周边城市的劳动力大规模流向郑州。郑州作为河南省省会城市，经济发展速度快，对农村劳动力和高科技人才具有较强的吸纳能力。另外，由于城镇化带来的一系列问题，如交通拥堵、环境恶化、住房紧张、人口膨胀等，加剧了城市负担，制约了城市发展，引发了市民身体健康问题，进而减缓人口增长，致使劳动力流失。

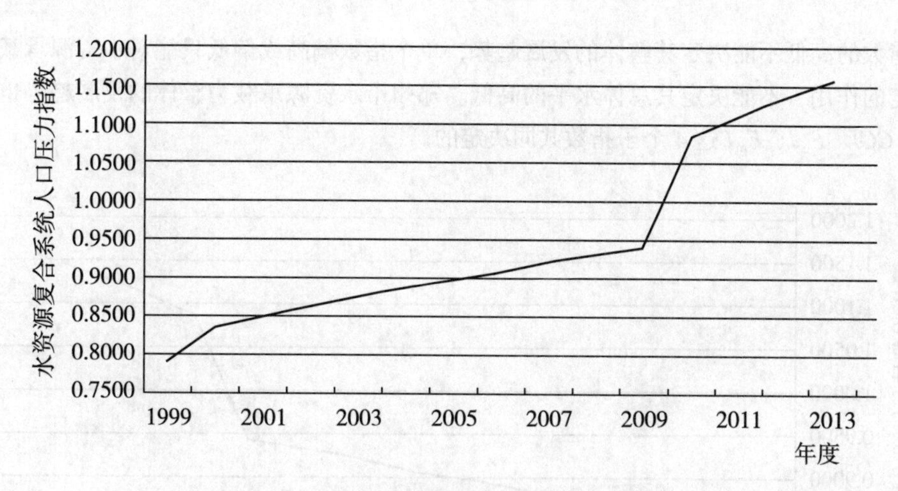

图 4-5　郑州市水资源复合系统人口压力指数变化趋势

五、水资源承载力综合评价指数分析

水资源承载力综合评价指数即水资源承载力，反映了该区域水资源承载压力的状况，指数越大，说明该区域水资源所承载的社会、经济、人口、生态等方面的压力越大；反之，则越小。由表 4-3 可知，1999 年，郑州市水资源承载力略大于 1；2000—2007 年，郑州市水资源承载力均小于 1；2008—2013 年，郑州市水资源承载力均大于 1。结合表 4-2 对水资源承载力的度量分类可知，1999—2007 年，郑州市水资源承载力处于濒临超载的状态，水资源趋于紧张；2008—2013 年，郑州市水资源承载力处于轻度超载状态，水资源趋于短缺。

郑州市水资源承载力综合评价指数变化趋势如图 4-6 所示。从图 4-6 中可以看出，郑州市水资源承载力整体上处于上升趋势，其变化曲线呈“V”字形，2005 年为其分界点。1999—2005 年，水资源承载力处于下降趋势，原因可能是国家实行计划生育政策对人口增长的控制作用、城乡二元结构对人口流动的阻碍，以及此时期郑州市城镇化正处于缓慢发展阶段，对水资源的需求不大，加之农业灌溉水利设施的修建提高了农田灌溉效率，因此在社会、经济、人口、农业等方面对水资源的消耗减少。

2005—2013 年，郑州市水资源承载力呈明显的上升趋势且波动较大，原因可能是，2005 年以后，郑州市城镇化发展速度加快，工业发展规模较大，城镇化发展速度加快对劳动力的拉力作用使郑州市人口急剧增长，而在经济发展中只注重城镇化发展速度，忽视了城镇化质量问题，严重消耗了水资源。尽管在水资源利用效率、污水处理技术等方面有较大的进步，但是这不足以与规模较大的总水资源消耗量相抗衡，因而导致其整体上处于上升趋势。

水资源承载力是由社会、经济、生态、水资源 4 个子系统共同作用和影响的，这 4 个子系统之间相互制约，关系错综复杂，不是简单的线性关系。在本书中，社会、经济、生态、水资源 4 个子系统对水资源承载力的影响是由 CHI、CCI、F_eI、F_pI 这 4 个子指数共同决定的。

单个指数的高低不能决定其整体的发展趋势，单个指数偏高或偏低只能对水资源承载力起到一定的作用，不能决定其总体水平的高低。郑州市水资源承载力整体的发展趋势也是由 *CHI*、*CCI*、$F_e I$、$F_p I$ 这 4 个子指数共同决定的。

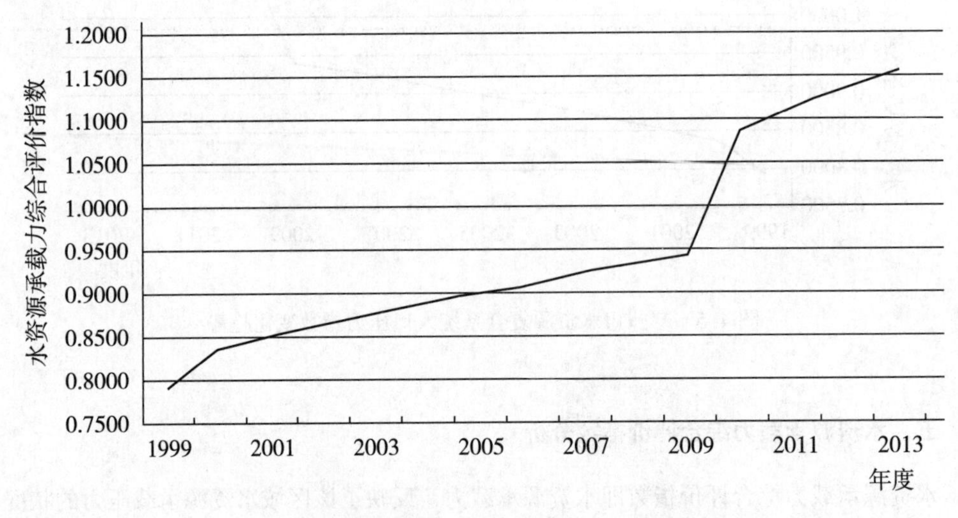

图 4-6　郑州市水资源承载力综合评价指数变化趋势

4.1.6　水资源承载力

本书主要研究的是 1999—2013 年郑州市水资源承载力的状况。通过研究和分析前人有关水资源承载力指标体系的构建原则和内容，结合郑州市自然特点与区域发展的实际情况，构建郑州市水资源承载力指标体系，利用水资源承载力综合评价模型，将处理后的指标数据代入模型，计算得出结果，并对其进行详细的分析，得出的结论主要有以下几点。

（1）郑州市水资源承载力是由 *CHI*、*CCI*、$F_e I$、$F_p I$，即水资源复合系统协调指数、水资源复合系统压力指数、水资源复合系统经济压力指数、水资源复合系统人口压力指数 4 个指数共同决定的。

1）1999—2013 年，郑州市水资源复合系统协调指数变化趋势呈“V”字形，协调指数最大值为 1999 年的 0.3616，最小值为 2005 年的 0.0725。1999—2002 年，郑州市社会经济发展和生态环境所需用水与此时期郑州市水资源处于一个供需较为平衡的状态；2003—2013 年，郑州市水资源与社会、经济、生态的发展处于不协调的状态。

2）1999—2013 年，郑州市水资源复合系统压力指数均大于 1，郑州市水资源复合系统承载压力较大，处于超载状态，压力指数最大值达到 4.4656，最小值为 3.3849。这一时期，郑州市水资源复合系统压力指数波动较大，有升有降。

3）1999—2003 年，郑州市水资源复合系统经济压力指数小于 1，郑州市经济发展与水资源之间处于协调发展的状态，水资源的供给能够满足经济发展的需求。2004—2013 年，水资源复合系统经济压力指数均大于 1，郑州市水资源与经济发展之间出现严重冲突，水资源供给紧张，经济发展处于不协调的状态。这一时期，郑州市经济压力指数增长速度较快，经济发展对水资源的压力越来越大。

4）1999—2013 年，郑州市人口压力指数整体上处于上升趋势。1999—2009 年，人口压力指数增加较为缓慢；2009—2011 年，增长速度加快；2011 年之后，人口压力指数增长速度又趋于和缓。其中 1999—2009 年，郑州市人口规模较大，濒临水资源的最大支撑能力；2010—2013 年，郑州市人口规模超出了郑州市水资源的最大支撑能力，水资源严重缺乏。

（2）郑州市水资源承载力变化趋势为先下降后上升，变化曲线呈“V”字形。1999—2005 年，水资源承载力呈下降趋势；2005—2013 年，水资源承载力呈明显上升趋势且波动较大；1999—2007 年，郑州市水资源处于濒临超载的状态，水资源趋于紧张；2008—2013 年，郑州市水资源处于轻度超载的状态，水资源趋于短缺。

» 4.2　地下水脆弱性评价

早在 20 世纪 70 年代，有关学者就提出了“地下水脆弱性”这一概念。地下水脆弱性是指地下水环境由自然条件变化和人类活动影响引发的一系列问题的敏感程度，它反映了地下水环境的自我防护能力。

对地下水脆弱性进行评价，目的在于在开采地下水资源的同时，有效防止地下水受到污染。为此，必须选择能表征地下水脆弱性的评价因子，并建立相应的评分体系和权重体系，划分地下水环境脆弱性等级。

目前地下水脆弱性评价方法中，应用最为广泛的是 DRASTIC 评价法，该方法于 1987 年由美国环境保护局提出，先后应用于美国各地的地下水脆弱性评价工作，取得了良好的效果，后来被加拿大、南非、欧盟等国家和地区相继采用[33-35]。它是宏观尺度大范围区域地下水脆弱性评价的经验模型[36]。1996 年，欧盟与中国合作，在大连和广州两地成功应用 DRASTIC 指标体系进行了地下水脆弱性评价工作[37]。

4.2.1　DRASTIC 评价模型

DRASTIC 评价模型主要采用 7 个评价因子，即水位埋深（D）、净补给量（R）、含水层介质（A）、土壤介质（S）、地形坡度（T）、包气带岩性（I）、含水层渗透系数（C）。根据每个因子对地下水污染可能产生影响的大小，赋予其一个权重因子（1～5），影响程度最大的因子权重为 5，最小的为 1。每个因子评分取值为 1～10，以量化其对地下水污染的影响。分值越大，说明越容易污染。如何运用 DRASTIC 评价模型，应根据研究区域的实际水文地质条件确定，最后用加权方式计算综合指标值。

4.2.2 评价因子及评价指标体系的分析与确定

从郑州市的实际情况来看，照搬 DRASTIC 评价模型并不能取得很好的效果，因为不同地区具有不同的气候、水文地质条件等。首先，地下水的净补给量难于计算；其次，郑州市处于平原区，因而地形坡度对其影响较小；最后，城市地区地表多被各种建筑物或硬地覆盖，将土壤类型作为一个评价因子缺乏可比性[38]。因此根据收集的资料和郑州市的实际情况，以及 DRASTIC 评价模型，提出适合郑州市水文地质条件的地下水脆弱性评价因子，在此采用 6 个因子（以下简称“DRATIC”）作为研究区地下水脆弱性评价指标，即水位埋深（D）、净补给量（R）、含水层介质（A）、地形坡度（T）、包气带岩性（I）、含水层渗透系数（C）。

（1）水位埋深（D）。水位埋深反映了污染物到达含水层之前经过的距离及其与周围介质接触的时间。通常情况下，埋深越浅，污染物达到的时间越短，污染物被稀释的概率越小，脆弱性越高。采用 2008 年 4 月统调的 66 个浅层地下水水位埋深，根据 DRASTIC 评价模型给出的郑州市地下水位埋深的范围及其评分可知（表 4–4），京广铁路以东大部分地区水位埋深为 1.12 ～ 15m，评分一般在 5 分以上；京广铁路以西水位埋深以 19 ～ 30m 为主，西南部和靠近西郊地区水位埋深为 30 ～ 40m，评分一般在 3 分以下。

表 4–4　郑州市地下水水位埋深的范围及其评分

埋深 /m	评分
$0 < D \leqslant 1.50$	10
$1.50 < D \leqslant 4.60$	9
$4.60 < D \leqslant 9.10$	7
$9.10 < D \leqslant 15.20$	5
$15.20 < D \leqslant 22.90$	3
$22.90 < D \leqslant 30.50$	2
> 30.50	1

（2）净补给量（R）。净补给量是指全年从地表通过入渗补给地下水的总量，以 mm 表示，包括各种形式的补给量（如灌溉入渗、人工回灌和污废水补给等），补给量越大，脆弱性越高。由于河流侧渗和灌溉入渗等难于求取准确的数据，因此 DRASTIC 评价模型在计算净补给量时一般采用降水量乘以入渗系数的方法。本书以多年平均降水量乘以入渗系数计算分区赋值。根据有关资料可知，不同区域的地表岩性不同，入渗系数也不同，因而得到不同的补给量。总体而言，郑州市地表岩性自西南向东北逐渐变粗，因而降雨入渗

系数也逐渐由 0.08 增大到 0.6，补给量为 50.4 ～ 378mm。根据 DRASTIC 评价模型给出的郑州市地下水净补给量的范围及其评分可知（表 4–5），西南部丘陵区评分值为 1；城区由于地面硬化，入渗系数较小，因此评分值为 3 分；东北部地区评分值为 6 分；北部近黄河地带入渗系数较大，补给量也较大，评分值为 9 分。

表 4–5　郑州市地下水净补给量的范围及其评分

净补给量 /mm	评分
$0 < R \leqslant 51.00$	1
$51.00 < R \leqslant 102.00$	3
$102.00 < R \leqslant 178.00$	6
$178.00 < R \leqslant 254.00$	8
> 254.00	9

（3）含水层介质（A）。含水层介质是指构成含水层的不同岩性，含水层介质的颗粒越粗、裂隙或溶隙率越高，渗透性越好，脆弱性越高。根据 DRASTIC 评价模型给出的郑州市含水层介质及其评分可知（表 4–6），京广铁路以西大部分地区含水层介质主要是含姜石或钙质成分较高的黄土状亚黏土、亚砂土；京广铁路以东主要是黄河冲积平原，含水层自西南向东北由亚砂土、粉细砂逐渐过渡到东北部以中砂、中细砂为主，北部靠近黄河，以粗中砂、中细砂为主有规律地变粗。因此，京广铁路以西大部分地区评分值为 3 分，京广铁路以东评分值依次为 5 分、6 分、7 分。

表 4–6　郑州市含水层介质及其评分

序号	类型	评分
①	块状页岩、黏土（①≥ 60%）	1
②	裂隙发育非常轻微的变质岩或火成岩、亚黏土（①+②≥ 60%）	2
③	裂隙中等发育的变质岩或火成岩（①+②+③≥ 60%）	3
④	风化变质岩或火成岩（①+②+③+④≥ 60%）	4
⑤	裂隙非常发育的变质岸或火成岩（①+②+③+④+⑤≥ 60%）	5
⑥	块状砂岩、块状灰岩、细砂（⑥+⑦+⑧+⑨+⑩≥ 60%）	6
⑦	层状砂岩、灰岩及页岩序列、中砂（⑦+⑧+⑨+⑩≥ 60%）	7
⑧	砂砾岩、粗砂（⑧+⑨+⑩≥ 60%）	8
⑨	玄武岩、砂砾岩（⑨+⑩≥ 60%）	9
⑩	岩溶灰岩、卵砾石（⑩≥ 60%）	10

（4）地形坡度（T）。地形坡度在一定程度上控制污染物渗入地下的难易程度，地表径流越大，地下水受污染的可能性越小。根据 DRASTIC 评价模型给出的郑州市地形坡度及其评分可知（表 4–7），整个郑州市地势平坦，平均坡度为 0.34%，西南部由于黄土丘陵与嵩山相接，地形坡度为 2% ～ 6%，因此评分值为 9 分；东部为黄河冲积平原，地形坡度小于 2%，因此评分值为 10 分。

表 4–7　郑州市地形坡度及其评分

地形坡度 /%	评分
$0 < T \leqslant 2.00$	10
$2.00 < T \leqslant 6.00$	9
$6.00 < T \leqslant 12.00$	5
$12.00 < T \leqslant 18.00$	3
> 18.00	1

（5）包气带岩性（I）。包气带岩性是指地下水水位以上的非饱和带部分的岩性，介质颗粒越细，地下水受污染的可能性越小。根据 DRASTIC 评价模型给出的郑州市包气带岩性类型及其评分可知（表 4–8），郑州市西部、西南部包气带岩性以黄土状亚砂土夹粉细砂薄层或透镜体及亚黏土为主，其他地区以黄土状粉砂、粉砂为主，因此西部地区评分为 3 分，其他地区评分为 5 分。

表 4–8　郑州市包气带岩性类型及其评分

序号	类型	评分
①	黏土（①≥ 60%）	1
②	亚黏土（①+②≥ 60%）	2
③	亚砂土（①+②+③≥ 60%）	3
④	砂（①+②+③+④≥ 60%）	4
⑤	粉细砂（①+②+③+④+⑤≥ 60%）	5
⑥	细砂（⑥+⑦+⑧+⑨+⑩≥ 60%）	6
⑦	中砂（⑦+⑧+⑨+⑩≥ 60%）	7
⑧	粗砂（⑧+⑨+⑩≥ 60%）	8
⑨	砂砾岩（⑨+⑩≥ 60%）	9
⑩	卵砾石（⑩≥ 60%）	10

（6）含水层渗透系数（C）。含水层渗透系数是指含水层介质的水力传输性能，它

影响污染物在地下水中的运移速率，渗透系数越大，地下水受污染的可能性越大。根据近年来钻孔资料和机民井的抽水实验资料，结合 DRASTIC 评价模型给出的郑州市含水层渗透系数及其评分可知（表 4–9），西部郊区含水层为亚砂土，颗粒较细，渗透系数为 5 ～ 10m/d，因此评分为 2 分；北部近黄河地带含水层介质以中砂、中细砂为主，渗透系数略大于 28.5m/d，此评分为 6 分；其他地区渗透系数在 20m/d 左右，因此评分为 4 分。

表 4–9　郑州市含水层渗透系数及其评分

渗透系数 /（m/d）	评分
$0 < C \leqslant 4.10$	1
$4.10 < C \leqslant 12.20$	2
$12.20 < C \leqslant 28.50$	4
$28.50 < C \leqslant 40.70$	6
$40.70 < C \leqslant 81.50$	8
> 81.50	10

4.2.3　评价因子的权重与评价结果

在 DRASTIC 评价模型中，水位埋深、净补给量、含水层介质、土壤介质、地形坡度、包气带岩性、含水层渗透系数 7 个因子的标准权重分别为 5、4、3、2、1、5、3，DRATIC 评价模型沿用这一标准权重，即水位埋深、净补给量、含水层介质、地形坡度、包气带岩性、含水层渗透系数权重分别为 5、4、3、1、5、3。

将 6 个因子综合起来，得到每个因子和权重的乘积，因此 DRATIC 指数为

$$DRATIC=5D+4R+3A+T+5I+3C \tag{4–15}$$

一旦确定了 DRATIC 指数，就可以确定地下水的相对脆弱性。具有较高脆弱性指数的地下水相对容易受到污染，反之亦然。需要指出的是，DRATIC 指数并非地下水污染的绝对数值，它仅表示不同区域地下水的相对脆弱性。

根据上述 6 个因子，利用 MAPGIS 软件分别绘制各因子的评分分区图，对各因子进行合并分析后得出综合评分图，进而得出郑州市脆弱性评价指数为 45 ～ 160。数值越高，脆弱性越高，防污性能越差，反之防污性能越好。由于地下水脆弱性的大小是相对的，大和小之间没有明显的界线[40]，因此将其分成 5 个等级（表 4–10）。

脆弱性高区主要分布在近黄河以南，保和寨、薛庄、北莱童寨一线以北。水位埋深较浅，一般在 7m 以下，净补给量为 378mm，地形平缓，包气带岩性以粉砂为主、厚度小，渗透系数一般略大于 28m/d，含水层大多以粗中砂、中砂为主，地下水最容易受到污染。

表 4-10 郑州市地下水脆弱性评价指数划分

脆弱性评价指数	脆弱性程序
＜70	脆弱性低（防污性好）
70～94	脆弱性较低（防污性较好）
95～119	脆弱性中等（防污性中等）
120～144	脆弱性较高（防污性较差）
145～170	脆弱性高（防污性差）

脆弱性较高区主要分布在毛庄、庙李、燕庄一线以东，京广铁路西北角及东南角的南槽一线。水位埋深一般小于 10m，东北部郊区净补给量为 151.2mm，由于地表硬化，净补给量评分介于黄土丘陵和东北郊区之间，包气带岩性以黄土状粉砂、粉砂为主，渗透系数一般在 20m/d 左右，含水层以细砂、中砂为主，地下水较容易受到污染。

脆弱性中等区主要分布在脆弱性较高区以西、京广铁路以东及夹杂在脆弱性较高区内部，如黄河迎宾馆、郭当口一带、柳林一带、圃田乡吴庄、南曹乡司赵村一带。脆弱性中等区大部分地质背景与脆弱性较高区一致，区别在于水位埋深，埋深为 10～15m，局部达到 23m，含水层以粉细砂为主，地下水容易受到污染。

脆弱性较低区主要分布在京广铁路以西地区，水位埋深为 20～40m，含水层以亚砂土、亚黏土为主，包气带岩性以黄土状亚砂土为主，渗透系数为 6.76～17.86m/d，地下水不易受到污染。

脆弱性低区主要分布在西南部和西部郊区，水位埋深一般在 30m 以上，降雨入渗系数较小，补给量一般在 50mm 左右，包气带岩性以黄土状亚砂土夹粉细砂薄层或透镜体及亚黏土为主，包气带厚度大，渗透系数为 5～10m/d，地下水很难受到污染。

第 5 章　典型企业供水概况——以郑州太古可口可乐饮料有限公司为例

郑州太古可口可乐饮料有限公司为美国可口可乐公司在河南的特许装瓶厂，主要生产及分销可口可乐、健怡可口可乐、雪碧、芬达、醒目、酷儿、雀巢冰爽茶、天与地、水森活、怡泉、原叶茶、冰露等品牌饮料。其从 1996 年 9 月投资郑州以来，特别是近几年来，实现连续 3 年、每年都比前一年翻一倍的销售业绩，现在已跟不上市场需求。可口可乐公司不仅为河南带来世界知名品牌，更带来先进的管理理念与独特的营销方式。从“买得起、买得到、乐得买”到“无处不在、物有所值、情有独钟”，可口可乐公司与消费者的情感纽带更为紧密。可口可乐公司的管理系统以事实为基础，深入了解所有主要消费场合，从而不断增强消费激活的能力。因此，对其开展供水安全、用水持续性和影响分析具有重要的现实意义。

5.1 供水水源概况

5.1.1　郑州市供水水源类型

郑州市供水水源主要有地表水和地下水两种。

（1）地表水。地表水源主要是引黄河水，其中供给柿园水厂 33 万 m^3/d，供给白庙水厂 16.8 万 m^3/d，以及处理黄河水建造的柿园水厂和白庙水厂水源、西流湖、北郊水源地和城市公园等。在城市供水保证率达 95% 的情况下，石佛水厂、东周水厂满负荷运转，充分利用地下水，可供水量为 30.2 万 m^3/d；由花园口调蓄池向西区供水天数为 31d，东区供水天数为 18d。浅层水可采资源量为 20 万 m^3/d，中深层水允许开采量为 5.56 万 m^3/d。

（2）地下水。地下水源主要有九五滩水源地和北郊水源地。九五滩水源地位于郑州市北郊花园口以西，设计建井 35 眼，设计供水量是 10 万 m^3/d，为石佛水厂的水源厂。北郊水源地位于郑州市北郊花园口以东、黄河大堤北滩地和黄河大堤两侧 43.5km^2，设计建井 72 眼，设计供水量是 20 万 m^3/d，为东周水厂的水源厂。

另外，还有城市部分单位自备井，广大农村饮用、灌溉水井等。

5.1.2 水源地及供水水厂概况

郑州太古可口可乐饮料有限公司所用水源来自郑州市自来水总公司下辖的石佛水厂。

石佛水厂位于郑州市石佛镇境内，地处高新技术开发区东北隅，占地60余亩。其主要设施有滤池、加氯间、清水池、送水泵房、高压配电所、自控系统和仪表间。制水工艺为：从九五滩水源地井群提取地下水，由输水干管送至石佛配水厂，在配水厂内，原水经曝气、过滤、加氯消毒之后进入清水池，然后由送水泵房加压送至市政管网。

石佛水厂是一座利用黄河侧渗水为水源的新水厂，设计规模为10万t/d。九五滩水源地位于郑州市北郊黄河滩内，西起邙山游览区，东至花园口黄河公路大桥与北郊水源地相邻，北临黄河，南接黄泛平原，距市区23km。

5.1.3 水源地供水管网的安全性

通过调查和分析，确认石佛水厂在对郑州太古可口可乐饮料有限公司进行供水的过程中，所有地下供水管线都是安全的，具体体现在4个方面：①石佛水厂地上和地下全部供水线路都是于1995年完成的，主干管线材料采用镀镍大口径铸铁管，不易锈蚀和变形，对水质不会造成污染，安全性好；②地下输水管的设计使用寿命是50年，实际运行时间不足18年（截至调查期），近期不会出现大修和更换管材的问题，不影响供水和施工；③供水管线的管径是根据石佛水厂最大供水能力设计的，不会因增加供水量而更换供水管，但是在支线水管安装方面，由于地下和地表供水管末端水管的选型安装是由用户自行购材的，故末端水管质量和安全性由用户自行负责；④郑州市地下供水管的维修和更换已经纳入市政府规划，其中石佛水厂管线纳入重点维修和改造工程项目。根据以上几个条件，郑州太古可口可乐饮料有限公司在用水过程中，管线安全是完全有保障的。

5.1.4 2016—2019年水源地供水水量的保障性

根据调查了解，2016—2019年石佛水厂的供水在水量方面是完全有保障的。具体有以下几个保障条件。

（1）石佛水厂的日供水量为10万m^3，目前实际供水量为7万m^3，尚有接近1/3的供水能力没有发挥出来。

（2）郑州市在2016—2019年供水规划中，计划在市区供水范围内再建7个水厂，其中最接近郑州太古可口可乐饮料有限公司的水厂是须水水厂和马寨水厂，须水水厂日供水量为15万m^3，比石佛水厂的供水量增加了1/3。

（3）南水北调工程于2014年全线通水，供应河南省42亿m^3调水，重点用于企业和环境用水，其中郑州市分水24亿m^3，这对郑州太古可口可乐饮料有限公司而言是一个好消息。

（4）调查表明，郑州市惠济区的用地已经饱和，至少 5 年内不会有大型企业或用水大户在该区建厂或迁入。根据此后几年的人口增长情况统计，4 年内增加了 3 万多人，流动人口占很大部分。由此可以推断，惠济区不会因人口的增加而大幅度增加用水量，对于郑州太古可口可乐饮料有限公司而言，影响是微乎其微的。

因此，至少 2016—2019 年，郑州太古可口可乐饮料有限公司的供水完全有保障，不会出现水源性供水不足问题。

»5.2　供水水源水质

5.2.1　水化学类型

本书按舒卡列夫分类法，对九五滩浅层地下水进行了水化学类型划分，并进行分区（图 5-1）。1989 年 5 月，水源地浅层地下水的水化学类型为 HCO_3–Ca · Mg · Na 型和 HCO_3–Ca · Na 型，前者分布于全区，后者分布于保合寨以北局部地段。1997 年 10 月，水化学类型相对较为复杂，自西北向南、东南分为 HCO_3–Ca · Na 型、HCO_3–Ca · Mg · Na 型和 HCO_3–Na · Mg · Ca 型，反映出自北向南水化学成分中离子含量 Ca^{2+}减少、Na^+增多的变化特征。自 2000 年以来，由于气候变化和黄河水水质变化因素的影响，九五滩水源地浅层地下水的水化学成分有所变化。根据 2008—2011 年检测资料显示，这一时期地下水的水化学类型没有改变，基本属于 HCO_3–Ca · Na 型和 HCO_3–Ca · Mg · Na 型。

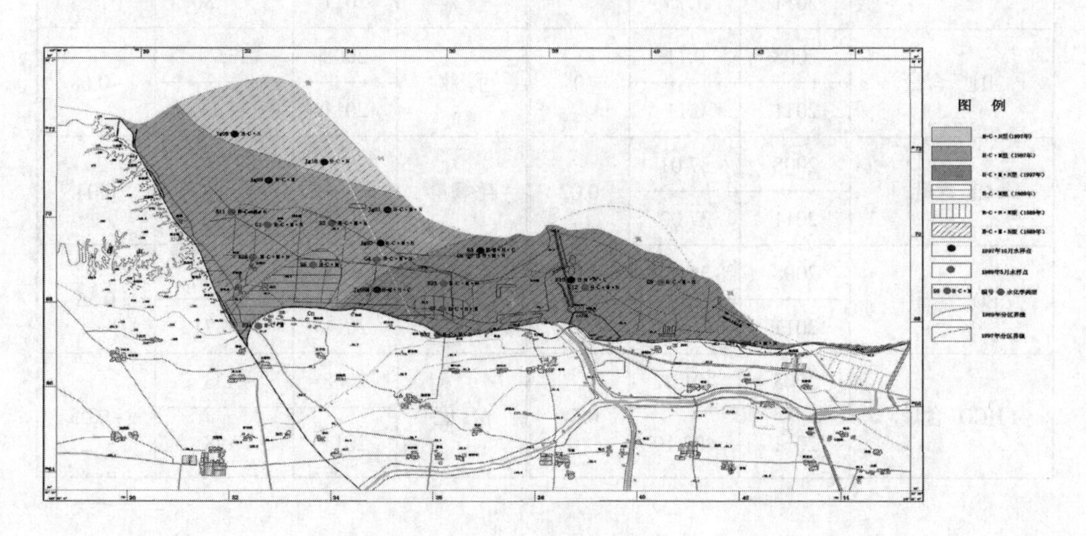

图 5-1　九五滩水源地地下水化学类型分区

5.2.2 水化学特征

九五滩浅层地下水长期运移并储存于第四纪松散沉积物中，经过地球物理化学以及生物化学作用，形成化学成分复杂而又相对稳定的地下水化学类型及水化学特征。1989—1997 年和 2008—2011 年水源地开采期间，取得大量九五滩浅层地下水水质分析资料，化学成分及其变化分别见表 5-1 和表 5-2。

表 5-1　2008 年和 2011 年九五滩浅层地下水化学成分统计表　　单位：mg/L

项目	年度	平均值	变化值	项目	年度	平均值	变化值
$K^+ + Na^+$含量	2008	60.20	-0.80	总硬度	2008	275.20	-1.87
	2011	59.40			2011	273.33	
Ca^{2+}含量	2008	60.30	-0.20	永久硬度	2008	65.09	-2.97
	2011	60.10			2011	62.12	
Mg^{2+}含量	2008	26.10	-0.20	暂时硬度	2008	253.71	-1.73
	2011	25.90			2011	251.98	
Fe^{3+}含量	2008	2.71	-0.08	负硬度	2008	41.76	-0.71
	2011	2.63			2011	41.05	
Fe^{2+}含量	2008	1.80	-0.05	总碱度	2008	357.22	0.58
	2011	1.75			2011	357.80	
NH^{4+}含量	2008	0.11	0	可溶性	2008	13.79	-0.68
	2011	0.11			2011	13.11	
Cl^- 含量	2008	37.01	0.02	耗氧量	2008	1.56	0.04
	2011	37.03			2011	1.60	
SO_4^{2-} 含量	2008	36.30	0.31	矿化度	2008	450.15	0.56
	2011	36.61			2011	450.71	
HCO^- 含量	2008	401.22	0.88	pH 值	2008	7.33	-0.05
	2011	402.10			2011	7.28	

表5-2　1989年5月和1997年10月九五滩浅层地下水化学成分变化统计表

单位：mg/L

项目	时间	范围值	平均值	变化值	项目	时间	范围值	平均值	变化值
$K^{+}+Na^{+}$含量	1989年5月	8.70～83.30	47.76	15.70	总硬度	1989年5月	260.00～405.00	305.00	-22.90
	1997年10月	11.03～39.80	63.46			1997年10月	206.20～400.60	282.10	
Ca^{2+}含量	1989年5月	62.30～100.00	73.42	-8.93	永久硬度	1989年5月	0～93.50	85.00	-15.70
	1997年10月	36.33～90.38	64.49			1997年10月	69.30	69.30	
Mg^{2+}含量	1989年5月	21.00～37.80	30.54	-1.81	暂时硬度	1989年5月	195.50～375.00	300.50	-32.90
	1997年10月	19.33～41.83	28.73			1997年10月	195.46～400.70	267.60	
Fe^{2+}含量	1989年5月	0.02～1.12	5.63	-1.44	负硬度	1989年5月	—	—	—
	1997年10月	0.14～9.50	4.19			1997年10月	6.47～181.47	55.04	
Fe^{3+}含量	1989年5月	＜0.002	3.68	-1.43	总碱度	1989年5月	195.30～407.50	322.00	19.90
	1997年10月	0.05～5.00	2.25			1997年10月	19.50～458.70	341.90	
NH_4^{+}含量	1989年5月	0.16～0.80	0.42	-0.27	可溶性SiO_2	1989年5月	13.00～20.00	17.14	-1.81
	1997年10月	0.02～0.28	0.15			1997年10月	12.00～17.00	15.33	
CL^{-}含量	1989年5月	23.80～65.90	37.10	-0.45	耗氧量	1989年5月	0～2.40	0.58	0.52
	1997年10月	19.14～65.58	36.65			1997年10月	0.28～1.60	1.10	

续表

项目	时间	范围值	平均值	变化值	项目	时间	范围值	平均值	变化值
SO_4^{2-} 含量	1989 年 5 月	2.40 ～ 73.00	35.10	2.86	矿化度	1989 年 5 月	353.20 ～ 553.20	431.10	18.06
	1997 年 10 月	14.14 ～ 90.30	37.96			1997 年 10 月	372.14 ～ 539.92	449.16	
HCO_3^- 含量	1989 年 5 月	238.60 ～ 497.30	392.19	17.51	灼烧残渣	1989 年 5 月	—	304.90	—
	1997 年 10 月	238.60 ～ 559.60	409.70			1997 年 10 月	262.50 ～ 342.02	—	
NO_3^- 含量	1989 年 5 月	0.01 ～ 10.00	1.78	-1.11	灼烧减量	1989 年 5 月	—	157.80	—
	1997 年 10 月	0.44 ～ 1.00	0.67			1997 年 10 月	90.29 ～ 205.53	—	
NO_2^- 含量	1989 年 5 月	<0.02	—	0.03	pH 值	1989 年 5 月	7.30 ～ 7.90	7.47	-0.12
	1997 年 10 月	0.002 ～ 0.14	0.03			1997 年 10 月	7.20 ～ 7.40	7.35	
F 含量	1989 年 5 月	0.36 ～ 0.54	0.46	0.01					
	1997 年 10 月	0.14 ～ 0.68	0.47						

注　“—”表示数据缺失。

检测数据表明，1997 年，浅层地下水总硬度（$CaCO_3$ 计）平均值为 282.10mg/L，矿化度平均值为 449.16mg/L，pH 值平均为 7.35，水质属于弱碱性低矿化度淡水；2011 年，总硬度（$CaCO_3$ 计）平均值为 273.33mg/L，矿化度平均值为 450.71mg/L，pH 值平均为 7.28，水质属于弱碱性低矿化度淡水。

1997 年和 1989 年相比，水化学成分含量变化不大，阳离子中 K^+ + Na^+ 的平均含量增加最多，增加 15.70mg/L，变化量占其含量的 24.7%。阴离子中 HCO_3^-、SO_4^{2-}、NO_2^- 增加，分别增加 17.51mg/L、2.86mg/L、0.03mg/L，其他离子减少。总硬度减少 22.90mg/L，矿化度增加 18.06mg/L。

2008 年和 1997 年相比，以及 2011 年和 2008 年相比，Fe 和 Mg 的成分在减少，减少的原因是抽水引起地下水循环增强。如果地下水长期处于稳定静止状态，则含水层中的矿物质会慢慢溶解于水中，使水中的矿物质含量增加。铁锰类物质在地层中的含量较高，容易溶解，所以在水中的含量较高是正常现象。如果通过开采加大地下水的循环速度，则黄河水及降雨会影响铁、锰在地下水中的含量，使之逐步减少。

》5.3　供水水源保护

对九五滩水源地水资源进行调查评价，主要目的是更好地为城市居民供水。目前九五滩水源地的水环境保护措施较完善，每一口机井都有封闭式地下室井房，开采井全部处于封闭状态（图 5-2），平时井房盖上锁，只有在维修时才打开。根据水源地开采期间的水厂原水水质分析资料，按照《生活饮用水卫生标准》（GB 5749—85）进行生活饮用水评价，结果表明，作为生活饮用水，地下水中原生 Fe、Mn 超标，超标倍数分别为 1.6 ～ 9.9 倍、1.8 ～ 2.6 倍；超标因子超标检出率：Fe 为 71%，Mn 为 100%。因此，需要对原水进行除 Mn、降 Fe 处理才可饮用。工艺处理技术十分成熟，工艺并不复杂（对任何超标矿物质，例如 Fe、Mn 等金属离子，可通过极化方法去除，使之达到国家规定的标准）。总体而言，九五滩地下水水质良好。

图 5-2　封闭式开采井

为了对九五滩水源地供水水厂实施有效保护，郑州市制定了一系列水源保护的具体措施，包括：①严禁在水源地保护区内或其上游区设置任何居民点或建筑物；②严禁在水源地保护区排放生活或工业污水；③严禁在水源地保护区开展旅游项目；④严禁在水源地保护区无序开采区内水资源；⑤严禁在水源地保护区种植农作物或经济作物；⑥在水源地保护区或水厂周边设置护栏或保护网；⑦对输水管道和抽水井进行地下埋设或密封管理；⑧专门设置一定的安全保卫和执法人员；⑨定期检测和评估水源区水量和水质变化情况；⑩建立突发事件应急预案，形成严密的水质和突发事件管理体系，等等。这些措施保障了水源区的环境安全、清洁卫生和安全供水。

九五滩水源地及石佛水厂周围环境如图 5-3 ～图 5-6 所示。

图 5-3　九五滩水源地的围栏

图 5-4　保护生态的警示石

图 5-5　供水区内的环境保护警示牌

图 5-6　水源区内无农田和人工养殖场

在机井周围 $40m^2$ 内，设置了严格的护栏和安全网（图 5-7 和图 5-8），除了管理、维修人员外，任何人不得进入。

图 5-7　井设备护栏

图 5-8　机井安全网

5.4　供水源水管理机构和法律法规

5.4.1　供水源水管理机构

依照政府部门的权限和管理职责，郑州市人民政府城市供水行政主管部门负责全市城市供水管理工作。城市建设、环境保护、卫生、规划、水利等有关行政管理部门应当按照各自职责，协助城市供水行政主管部门共同做好城市供水管理工作。

5.4.2　法律法规

水资源相关法律法规文件主要包括《中华人民共和国水法》《中华人民共和国水污染防治法》《郑州市城市供水管理条例》《郑州市城市饮用水源保护和污染防治条例》《郑州市节水型城市目标建设导则》《河南省取水许可和水资源费征收管理办法》《郑州市用水定额标准》《郑州市区供水突发事故应急预案》。这些法律法规的一些条款适用于相关公司。

2008 年 12 月 26 日，郑州市第十一届人民代表大会常务委员会第三十四次会议通过了《郑州市水资源管理条例（2008 修正）》，条例明确规定对郑州市水资源实行统一管理、全面规划、合理开发与保护的原则，在公共供水管网到达地区，禁止凿井取用地下水，特殊情况取用地下水的，须经市行政主管部门审批，取得取水许可证，并缴纳水费。该条例部分条款如下。

第二条　本条例所称水资源包括地表水和地下水。凡在本市行政区域内开发利用、保护和管理水资源，均适用本条例。但国家、省管理的水事事项和城市公共供水工程供应的水，不适用本条例。

第三条　水资源管理应当坚持统一管理、全面规划、讲求效益、合理开发与保护相结合的原则。

第四条　开发利用水资源应坚持先地表、后地下，充分利用地表水，合理开发地下水，开源与节流并重的原则。

第五条　市、县（市）、区人民政府应当加强对水资源保护和管理工作的领导，组织制定水资源开发利用和保护规划，并纳入本级人民政府国民经济和社会发展计划及城市总体规划。

第十六条　直接从河流、湖泊或者地下取用水资源的单位和个人，应当依法向水行政主管部门申请办理取水许可证。但是，家庭生活和零星散养、圈养畜禽饮用等少量取水的除外。

取水许可证的发放范围、权限和程序按照国务院和省人民政府的有关规定执行。

第十八条　在城市公共供水管网达到的地区，禁止凿井取用地下水。因特殊用水确需取用地下水的，应当经市、县（市）、区人民政府水行政主管部门审核后，报同级人民政府批准。

城市公共供水管网达到的地区现有取用地下水的水井，由市、县（市）、区人民政府水行政主管部门制定封停计划，报同级人民政府批准后实施。

第二十三条　兴建直接从河流、湖泊取水的取水工程，经审批机关审查批准后，申请人方可办理动工手续；取水工程竣工后，经水行政主管部门核验合格的，发给取水许可证。

第二十五条　取得取水许可证的单位或者个人，应当按照规定装置取水计量设施，并按照规定向水行政主管部门填报取水报表和有关事项。取用城市建成区地下水的，应当同时报送市、县（市）、区人民政府有关行政主管部门。

水行政主管部门对取水情况进行检查时，取水单位或者个人应当如实反映情况，提供取水量测定数据等有关资料。

第二十六条　有下列情况之一的，由批准发放取水许可证的水行政主管部门报经同级人民政府批准，对取水单位或者个人的取水量予以核减或者限制：

（一）由于自然原因等使水源不能满足本地区正常供水的；

（二）地下水严重超采或者因地下水开采而发生地面沉降等地质灾害的；

（三）社会总需水量增加，又无其他水源的；

（四）出现需要核减、限制取水量的其他特殊情况的。

第二十七条　取水单位或者个人连续停止取水满一年的，由原批准的水行政主管部门核查后，注销其取水许可证。已注销取水许可证的单位或者个人恢复取水，按照取水许可批准程序重新办理。

郑州市政府提倡节约用水。2007年，郑州市制定的《郑州市城市节约用水管理办法》和《郑州市城市供水管理条例》都有一定的规定。其中《郑州市城市节约用水管理办法》

部分条款如下。

第八条 城市节约用水主管部门应当会同有关部门依据《城市用水定额管理办法》，制定行业综合用水定额和单项用水定额。

第九条 市供水节水办公室应当根据本市城市资源和用水供求状况，将全部自备井水用户和用水量大的自来水用户纳入计划用水户。

第十条 计划用水户应根据市供水节水办公室下达的年度用水指标按月分解上报核准。

计划用水指标根据年度用水计划、用水定额制定；根据用水定额制定指标有困难的，参照实际需用水量确定。

第十一条 凡需要临时用水的，应向市供水节水办公室申请临时用水指标，经批准后方可用水。

第二十条 用水单位应当改进生产用水工艺，推广使用先进的节水器具、设备。对耗水量大、浪费严重的用水设施、器具，应当限期更新改造。

第二十一条 用水单位应当采取循环用水，一水多用，综合利用废水处理回用等措施，降低用水单耗，提高水的重复利用率。

用水单耗。对水的重复利用率在同行业中偏低的生产企业，不得新增用水指标。

第二十三条 计划用水户应定期进行水量平衡测试，挖掘节约水潜力。

凡月用水量一万立方米以上的，每三年测试一次；一万立方米以下的，五年测试一次。

第三十三条 有下列行为之一的，由市供水节水办公室责令限期改正、核减用水指标，并可处以五百元以上、三千元以下罚款：

（一）节约用水设施未按规定与主体工程同时设计、同时施工、同时投入使用的；

（二）建设项目的节约用水设施未经验收或经验收不合格擅自投入使用的；

（三）无故停用节约用水设施的；

（四）未按规定进行水量平衡测试的。

2009年4月23日，河南省政府第三十八次常务会议通过了《河南省取水许可和水资源费征收管理办法》，部分条款如下。

第十五条 取水许可证有效期限一般为5年，最长不超过10年。

有效期届满，需要延续的取水单位或者个人，应当在取水许可证有效期届满45日前向原审批机关提出申请。原审批机关应当对原批准的取水量、实际取水量、节水水平和退水水质状况以及取水单位或者个人所在行业的平均用水水平、当地水资源供需状况等进行全面评估，在有效期届满前作出是否延续的决定。批准延续的，应当核发新的取水许可证；不批准延续的，应当书面说明理由。

县级以上水行政主管部门应当对各类取水工程或者设施实际利用效果进行监督，以促进水资源的节约和有效利用。

第十六条　下列取水，由省水行政主管部门审批、发放取水许可证：（一）在跨省的河流、省际边界河流指定河段取水，取水量在国务院水行政主管部门或者其授权的流域管理机构审批的限额以下的；（二）在河道取水，日取水量20000立方米（含20000立方米）以上的；（三）在省水行政主管部门管理的水库取水的；（四）直接从地下取水，日取水量10000立方米（含10000立方米）以上的；（五）取用矿泉水、地热水，日取水量3000立方米（含3000立方米）以上的；（六）由省人民政府或者省投资主管部门审批、核准的大型建设项目的取水；（七）在省辖市边界河流或者跨省辖市行政区域取水的。

第十七条　本办法第十六条规定以外的下列取水，由取水口所在地省辖市水行政主管部门审批、发放取水许可证：

（一）在河道取水，日取水量10000至20000立方米（含10000立方米）的；

（二）在省辖市城市规划区内取用地下水及在省辖市水行政主管部门管理的水库取水的；

（三）其他直接从地下取水，日取水量5000至10000立方米（含5000立方米）的；

（四）取用矿泉水、地热水，日取水量1000至3000立方米（含1000立方米）的；

（五）由省辖市人民政府或者省辖市投资主管部门审批、核准的建设项目的取水，取水量在省水行政主管部门管理权限以下的；

（六）在县（市、区）边界河流或者跨县（市、区）行政区域取水，取水量在省水行政主管部门管理权限以下的。

第十八条　本办法第十六条、第十七条规定以外的取水，由取水口所在地县级水行政主管部门审批、发放取水许可证。

第十九条　按照行业用水定额核定的用水量是取水量审批的主要依据。

省水行政主管部门和质量技术监督部门对本省行业用水定额的制定负责指导并组织实施。

第二十条　有下列情况之一的，审批机关可以对取水单位或者个人的年度取水量予以限制：

（一）因自然原因，水资源不能满足本地正常供水的；

（二）取水、退水对水功能区水域使用功能、生态与环境造成严重影响的；

（三）地下水严重超采或者因地下水开采引起地面沉降等地质灾害的；

（四）出现需要限制取水量的其他特殊情况的。发生重大旱情时，审批机关可以对取水单位或者个人的取水量予以紧急限制。

审批机关依照本条第一款的规定，需要对取水单位或者个人的年度取水量予以限制的，应当在采取限制措施前及时书面通知取水单位或者个人。

第二十八条　取水单位或者个人应当按照批准的年度取水计划取水。凡超批准取水量10%（含10%）以内的，其超过部分按水资源费征收标准加1倍征收；超批准取水量 10% ～ 20%（含 20%）的，其超过部分按水资源费征收标准加 2 倍征收；超批准取水量 20% ～ 30%（含 30%）的，其超过部分按水资源费征收标准加 3 倍征收；超批准取水量 30% 以上的，其超过部分按水资源费征收标准加 4 倍征收。

不同城市的用水标准有所不同，郑州市城市居民生活饮用水规定每人每月用水标准限制在 $4.0m^3$，事业单位的用水量每人每天 $0.11m^3$。凡是超指标的都由个人所在单位负责交纳增加部分的水费，这就要求各个单位开展节水措施。

调查资料显示，郑州太古可口可乐饮料有限公司获准年用水量是 53 万 m^3，基本上达到了供水和用水的平衡。

在《生活饮用水卫生标准》（GB 5749—85）的基础上，我国于 2006 年重新修订了《生活饮用水卫生标准》（GB 5749—2006），参照发达国家的生活饮用水卫生标准，水质的卫生标准较过去有了较大提高，现引述以下部分规定和相关附表（表 5-3 和表 5-4）。石佛水厂提供的生活饮用水水质符合表 5-3 ～表 5-6 的卫生要求。

表 5-3　水质常规指标及限值

指标	限值
1. 微生物指标[①]	
总大肠菌群（MPN/100mL 或 CFU/100mL）	不得检出
耐热大肠菌群（MPN/100mL 或 CFU/100mL）	不得检出
大肠埃希氏菌（MPN/100mL 或 CFU/100mL）	不得检出
菌落总数（CFU/mL）	100
2. 毒理指标	
砷（mg/L）	0.01
镉（mg/L）	0.005
铬（六价，mg/L）	0.05
铅（mg/L）	0.01
汞（mg/L）	0.001
硒（mg/L）	0.01
氰化物（mg/L）	0.05
氟化物（mg/L）	1.0
硝酸盐（以 N 计，mg/L）	10 地下水源限制时为 20
三氯甲烷（mg/L）	0.06

续表

指标	限值
四氯化碳（mg/L）	0.002
溴酸盐（使用臭氧时，mg/L）	0.01
甲醛（使用臭氧时，mg/L）	0.9
亚氯酸盐（使用二氧化氯消毒时，mg/L）	0.7
氯酸盐（使用复合二氧化氯消毒时，mg/L）	0.7
3. 感官性状和一般化学指标	
色度（铂钴色度单位）	15
浑浊度（NTU- 散射浊度单位）	1 （水源与净水技术条件限制时为 3）
臭和味	无异臭、异味
肉眼可见物	无
pH（pH 单位）	不小于 6.5 且不大于 8.5
铝（mg/L）	0.2
铁（mg/L）	0.3
锰（mg/L）	0.1
铜（mg/L）	1.0
锌（mg/L）	1.0
氯化物（mg/L）	250
硫酸盐（mg/L）	250
溶解性总固体（mg/L）	1000
总硬度（以 $CaCO_3$ 计，mg/L）	450
耗氧量（CODMn 法，以 O_2 计，mg/L）	3 水源限制，原水耗氧量＞ 6mg/L 时为 5
挥发酚类（以苯酚计，mg/L）	0.002
阴离子合成洗涤剂（mg/L）	0.3
4. 放射性指标②	指导值
总 α 放射性（Bq/L）	0.5

续表

指标	限值
总 β 放射性（Bq/L）	1

注　① MPN 表示最可能数；CFU 表示菌落形成单位。当水样检出总大肠菌群时，应进一步检验大肠埃希氏菌或耐热大肠菌群；水样未检出总大肠菌群，不必检验大肠埃希氏菌或耐热大肠菌群。

②放射性指标超过指导值，应进行核素分析和评价，判定能否饮用。

表 5-4　饮用水中消毒剂常规指标及要求

消毒剂名称	与水接触时间	出厂水中限值	出厂水中余量	管网末梢水中余量
氯气及游离氯制剂（游离氯，mg/L）	至少 30min	4.0	≥ 0.3	≥ 0.05
一氯胺（总氯，mg/L）	至少 120min	3.0	≥ 0.5	≥ 0.05
臭氧（O_3，mg/L）	至少 12min	0.3		0.02（如加氯，总氯≥ 0.05）
二氧化氯（ClO_2，mg/L）	至少 30min	0.8	≥ 0.1	≥ 0.02

表 5-5　水质非常规指标及限值

指标	限值
1. 微生物指标	
贾第鞭毛虫（个 /10L）	＜ 1
隐孢子虫（个 /10L）	＜ 1
2. 毒理指标	
锑（mg/L）	0.005
钡（mg/L）	0.7
铍（mg/L）	0.002
硼（mg/L）	0.5
钼（mg/L）	0.07
镍（mg/L）	0.02
银（mg/L）	0.05
铊（mg/L）	0.0001
氯化氰（以 CN^- 计，mg/L）	0.07

续表

指标	限值
一氯二溴甲烷（mg/L）	0.1
二氯一溴甲烷（mg/L）	0.06
二氯乙酸（mg/L）	0.05
1，2-二氯乙烷（mg/L）	0.03
二氯甲烷（mg/L）	0.02
三卤甲烷（三氯甲烷、一氯二溴甲烷、二氯一溴甲烷、三溴甲烷的总和）	该类化合物中各种化合物的实测浓度与其各自限值的比值之和不超过 1
1，1，1-三氯乙烷（mg/L）	2
三氯乙酸（mg/L）	0.1
三氯乙醛（mg/L）	0.01
2，4，6-三氯酚（mg/L）	0.2
三溴甲烷（mg/L）	0.1
七氯（mg/L）	0.0004
马拉硫磷（mg/L）	0.25
五氯酚（mg/L）	0.009
六六六（总量，mg/L）	0.005
六氯苯（mg/L）	0.001
乐果（mg/L）	0.08
对硫磷（mg/L）	0.003
灭草松（mg/L）	0.3
甲基对硫磷（mg/L）	0.02
百菌清（mg/L）	0.01
呋喃丹（mg/L）	0.007
林丹（mg/L）	0.002
毒死蜱（mg/L）	0.03
草甘膦（mg/L）	0.7
敌敌畏（mg/L）	0.001
莠去津（mg/L）	0.002

续表

指标	限值
溴氰菊酯（mg/L）	0.02
2，4–滴（mg/L）	0.03
滴滴涕（mg/L）	0.001
乙苯（mg/L）	0.3
二甲苯（mg/L）	0.5
1，1–二氯乙烯（mg/L）	0.03
1，2–二氯乙烯（mg/L）	0.05
1，2–二氯苯（mg/L）	1
1，4–二氯苯（mg/L）	0.3
三氯乙烯（mg/L）	0.07
三氯苯（总量，mg/L）	0.02
六氯丁二烯（mg/L）	0.0006
丙烯酰胺（mg/L）	0.0005
四氯乙烯（mg/L）	0.04
甲苯（mg/L）	0.7
邻苯二甲酸二（2–乙基己基）酯（mg/L）	0.008
环氧氯丙烷（mg/L）	0.0004
苯（mg/L）	0.01
苯乙烯（mg/L）	0.02
苯并（a）芘（mg/L）	0.00001
氯乙烯（mg/L）	0.005
氯苯（mg/L）	0.3
微囊藻毒素 –LR（mg/L）	0.001
3. 感官性状和一般化学指标	
氨氮（以N计，mg/L）	0.5
硫化物（mg/L）	0.02
钠（mg/L）	200

表 5-6　生活饮用水水质参考指标及限值

指标	限值
肠球菌（CFU/100mL）	0
产气荚膜梭状芽孢杆菌（CFU/100mL）	0
二（2-乙基己基）己二酸酯（mg/L）	0.4
二溴乙烯（mg/L）	0.00005
二噁英（2，3，7，8-TCDD，mg/L）	0.00000003
土臭素（二甲基萘烷醇，mg/L）	0.00001
五氯丙烷（mg/L）	0.03
双酚 A（mg/L）	0.01
丙烯腈（mg/L）	0.1
丙烯酸（mg/L）	0.5
丙烯醛（mg/L）	0.1
四乙基铅（mg/L）	0.0001
戊二醛（mg/L）	0.07
2-甲基异莰醇（mg/L）	0.00001
石油类（总量，mg/L）	0.3
石棉（＞10μm，万 /L）	700
亚硝酸盐（mg/L）	1
多环芳烃（总量，mg/L）	0.002
多氯联苯（总量，mg/L）	0.0005
邻苯二甲酸二乙酯（mg/L）	0.3
邻苯二甲酸二丁酯（mg/L）	0.003
环烷酸（mg/L）	1.0
苯甲醚（mg/L）	0.05
总有机碳（TOC，mg/L）	5
β-萘酚（mg/L）	0.4

续表

指标	限值
黄原酸丁酯（mg/L）	0.001
氯化乙基汞（mg/L）	0.0001
硝基苯（mg/L）	0.017
镭-226 和镭-228（pCi/L）①	5
氡（pCi/L）	300

注　① Ci 为非法定单位，$1Ci = 3.7 \times 10^{10}Bq$。

饮料行业的用水有相关要求，郑州太古可口可乐饮料有限公司的用水指标已经达到并超过了国家规定的一级用水指标（表 5-7 和表 5-8）。

表 5-7　饮料制造取水定额指标

饮料种类	取水定额 /（m^3/t）			调节系数	备注
	一级	二级	三级		
碳酸饮料	2.00	2.50	3.60	回收瓶装碳酸饮料 1.50	一次性包装容器
纯净水、矿物质水	1.60	1.80	2.00	回收桶装水 1.10	
果汁饮料、特殊用途饮料、风味饮料	2.50	3.00	5.00	用萃取法制茶饮料 1.10，PET 瓶无菌灌装 1.10	PET 瓶、三片瓶等热灌袋，纸塑无菌灌袋

表 5-8　饮料制造业取水定额

行业代码	行业名称	产品名称	定额单位	定额值	调节系数	备注
153	饮料制造业	果汁	m^3/t	3.00	1.00 ～ 1.20	
		果汁饮料	m^3/t	3.50	1.00 ～ 1.30	
		碳酸饮料	m^3/t	3.00	0.95 ～ 1.00	
		蔬菜汁饮料	m^3/t	4.00	1.00 ～ 1.20	
		固体饮料	m^3/t	1.50	1.00 ～ 1.20	

第 6 章　典型企业用水可持续和影响分析

6.1　所在区域社区用水可持续性

郑州太古可口可乐饮料有限公司用水和周边企事业单位、社区居民用水，均由郑州自来水投资控股有限公司的公共供水管网提供，公司用水和周边社区居民用水在用水水量方面存在一定竞争关系，在用水高峰时段或干旱季节，这种竞争关系明显一些，但是竞争不会强烈，原因如下。

郑州太古可口可乐饮料有限公司所在的郑州市高新技术产业开发区是郑州市最早的经济开发区之一，自 1995 年开始已经有 18 年时间（截至 2012 年调查期），其中入驻单位主要有郑州大学新校区、河南工业大学新校区、郑州轻工业学院、中国人民解放军信息工程大学、郑州外国语学校、郑州福田食品有限公司、郑州豫元食品工业公司等。其他入驻单位总人数达 62275 人，年用水量达 343 万 m^3，是郑州太古可口可乐饮料有限公司年最大用水量 53 万 m^3 的 6 倍多，在一定程度上使郑州太古可口可乐饮料有限公司用水和上述单位用水的相关性更加密切。但是，学校发展规模已经稳定下来，没有大规模地扩大招生；上述单位生产稳定，用水量基本稳定。根据 2009 年 6 月 27 日《河南省人民政府关于批转河南省黄河取水许可总量控制指标细化方案的通知》（豫政〔2009〕46 号）文件规定，对水源进行统一规划、统一调度，由专门机构对市域内水源统一管理，合理分配有限水资源，确保新建供水设施布局合理、经济运行，避免因水源问题引起供水工程投资增加、资源浪费和用水纠纷。这有效保证了包括郑州太古可口可乐饮料有限公司在内的社区内企事业单位和个人后续用水的可持续性。

6.2　用水对周边社区的影响

郑州太古可口可乐饮料有限公司是由太古集团控股的大型中外合资饮料企业，投资方为太古中萃发展有限公司、中国信托投资公司、北京中饮工贸公司，职工560人，注册资金1800万美元，占地约200亩，厂房位于郑州高新技术产业开发区，于1996年7月8日投产，1996年9月12日开业，平均年用水量为40万m^3（不算用水大户）。郑州市政府和水主管部门主要关注和制约市内用水大户，即用水重点保护单位和优先供水企事业单位。郑州太古可口可乐饮料有限公司用水较多，在郑州是重点保护和优先供水特殊企业之一，与分散的少量用水单位，例如高新区市政环境保护局、高新区管委会等企事业单位相比，后者的重要性要小得多。在现有公共管网集中供水条件下，从技术方面和供需要求考虑，郑州太古可口可乐饮料有限公司的用水对周边社区居民的用水构成影响很小。目前九五滩水源地实际供水量是近7万m^3/d，设计供水量是10万m^3/d，尚有超过3万m^3/d的可开采量用于满足未来需水量的不断增长。另外，九五滩水源地的设计开采量也是石佛水厂的最大供水量，是配套设计的。此后10年内，郑州高新技术产业开发区以高校教育为主，用地基本饱和，周围不会增加大量居民和企业。而根据郑州太古可口可乐饮料有限公司的生产状况，此后5年内公司没有扩大生产规模的计划，用水量基本稳定。因此，石佛水厂能够满足郑州太古可口可乐饮料有限公司用水需求，在郑州高新技术产业开发区不会产生全局性影响，也不会对周边社区居民用水产生不利影响。

6.3　社区居民用水的可持续性

河南省政府和郑州市政府对城市供水问题极为重视，都是从中原经济区发展的战略目标出发，提出了水资源开发利用的战略构想。为此，中共郑州市委、郑州市人民政府下发了《中原经济区郑州都市区建设纲要（2011—2020年）》，其中对水资源的开发利用、管理保护问题，提出了新的战略性措施。基于郑州市的实际情况，计划在郑州市约7500km^2范围内，包括郑州市区、周边县（市、区）、乡镇及村庄等，建设统一的水资源开发利用管网系统。供水规划涉及“两核”“六城”“12组团”和若干周边城镇。“两核”是指中心城区和郑州新区。“六城”是指巩义新城、登封新城、新密新城、新郑新城、航空城、中牟新城。“12组团”包括高端服务业新城、科教新城、高新城、宜居职教城、宜居商贸城、先进制造业新城、新商城、宜居健康城7个城区，面积在1100km^2范围内；宜居健康城、二七生态文化新城、宜居教育城3个城区，位于郑州市西南部；另外，还有郭店组团、官渡组团。周边城镇包括27个新市镇、410个新型农村社区等。该纲要为2020年郑州常住人口提供了用水保障，使社区居民用水具有可持续性。

规划主要从规划范围、规划内容、规划措施3个方面进行，分别简述如下。

1. 规划范围

规划范围包括郑州市区约1200km^2区域（含450km^2的中心城区和700km^2的中心城区外围）。2010年人口为425万人，另有80万流动人口，共505万人；2015年和2020年规划人口分别为520万人和650万人。2015年，人均最高日生活用水量指标取240L/（人·d），计算2015年需水总量为192.2万m^3/d。其中，水厂供水能力为96万m^3/d，自备井为41万m^3/d，新增水厂供水为55万m^3/d。2020年，城市人均综合最高日生活用水量指标取240L/（人·d），计算2020年需水总量为239万m^3/d，兼顾龙湖镇近期用水。其中，水厂供水能力为96万m^3/d，自备井为20万m^3/d，新增水厂供水为125万m^3/d。郑州市2010年、2015年、2020年规划供水量指标见表6-1。

表6-1　郑州市2010年、2015年、2020年规划供水量指标

年度	人口/万	规划人口/万	人均用水量/[L/（人·d）]	总需水量/（万m^3/d）	自备井供水量/（万m^3/d）	新增水厂供水量/（m^3/d）	总供水量/（万m^3/d）
2010	505	—	150	75	—	—	96
2015	—	520	240	192.2	41	55	192.2
2020	—	650	240	239	20	125	239

注　“—”表示无相关数据。

2. 规划内容

规划内容包括供水水源解决方案和水厂改造两个部分。

（1）供水水源解决方案。规划供水水源采用南水北调水、黄河水、地下水等多水源解决方案。主要的供水水源为：南水北调水，97万m^3/d；邙山输水系统，40万m^3/d；花园口输水系统，15万m^3/d；杨桥提灌站，20万m^3/d；黄河侧渗地下水水源地，30万m^3/d；井水厂，4万m^3/d；自备井，10万m^3/d；新区水厂供水部分，3万m^3/d；牛口峪黄河水，40万m^3/d。

新建水厂7座，分别为：刘湾水厂，40万m^3/d；桥南水厂，15万m^3/d；须水水厂，20万m^3/d；龙湖水厂，20万m^3/d；尖岗水厂，10万m^3/d；马寨水厂，10万m^3/d；古荥水厂，10万m^3/d。

（2）水厂改造。主要包括6项水厂改造工程，即石佛水厂水源井恢复重建工程、东周水厂水源井恢复重建工程、柿园水厂改造工程、郑州中法原水有限公司改造工程、石佛水厂改造工程、东周水厂改造工程。

3. 规划措施

根据郑州市城市供水管网安全性调查评估专家组的评估意见及郑州供水对供水管网的统计摸查工作，须对现状管网进行改造，总长度约为464km。按照供水管道影响范围的大小，可将供水管道分为3类。

一类管道总长约78km，主要包括水厂原水管、出厂主干管、重点区域的管道；二类管道总长约117km，主要包括管径为500mm及以上的管道，一旦停水可能造成区域停水或降压；三类管道总长约250km，大多是管径为300～400mm的配水管道，主要集中在人口密度较大的老城区或繁华路段，其中包括石佛水厂供水管线。

以上规划措施可以满足郑州市中长期用水规划要求。

郑州太古可口可乐饮料有限公司处在这样一个大环境条件下，作为企事业单位中的用水大户，不会存在用水的潜在危机。经调查，公司周边没有其他大型企业，用水大户主要是郑州大学、河南工业大学、中国人民解放军信息工程大学和河南轻工业大学 4 所高校。根据国家规定的公共供水供电优先性，排列次序是国防、医院一类优先，机关高校、大型企业单位、精密研究和特殊行业二类优先，其次是城市居民，然后是郊区和农业用水。郑州高新技术产业开发区的 4 所高校在校人数大约为 6.3 万人，每年用水量大约为 308 万 m^3，是用水大户，接近郑州太古可口可乐饮料有限公司用水量的 8 倍。十几年来，开发区供水管网在供水运行过程中，还没有出现任何争水或爆管停水事件。同时，学校招生规模已经处于稳定状态，今后不会大幅度扩大招生规模、突增招生人数，因此学校的用水量处于稳定状态，不会增加自来水的需求量。郑州市的用水规划是按照人均最高日用水量 $0.24m^3/d$ 的水平规划的（现实设计和实际用水平均为 $0.15m^3/d$），能够满足郑州市及公司的用水要求，今后其他用水大户与郑州太古可口可乐饮料有限公司争水的可能性很小。

总之，郑州太古可口可乐饮料有限公司和周边居民用水的可持续性能够得到保障，原因是郑州高新技术开发区具备以下良好的供水条件：①目前石佛水厂有 3 万 m^3/d 的富余水量可供未来十年供水增加所需；②郑州市的公共供水管网已经联网供水，局部停水或减量，其他水厂（中心区现有 7 座水厂）可以立即替补联网供水；③郑州市已经制定了 10 年、20 年和 30 年的供水规划，其中郑州中心区新建 7 座水厂，离郑州太古可口可乐饮料有限公司最近的水厂有桥南水厂（规划供水量 15 万 m^3/d）和须水水厂（规划供水量 20 万 m^3/d），能够有效保障郑州太古可口可乐饮料有限公司用水；④自从黄河小浪底水库于 2007 年建成后，黄河断流问题已经解决，黄河侧渗补源有保障，消除了九五滩水源地的后顾之忧；⑤郑州太古可口可乐饮料有限公司有 $1000m^3$ 的备用水池，可应对短期停水和可乐附加材料的质变问题；⑥在未来一定时期内，如果可能，可以向政府水权主管部门申请开采地下水，开发当地中深层优质地下水（条件是优先用地表水，其次地下水）。因此，对于郑州太古可口可乐饮料有限公司的可持续性用水而言，脆弱性风险很低。

第 7 章　典型企业脆弱性分析

通过前面章节可知，郑州太古可口可乐饮料有限公司在发展经营和建设中，面临某些脆弱性问题及潜在或可能的风险，包括水质和水量供应潜在风险、供水过程中用水户相关利益和竞争风险、水价上涨及突发事件影响风险。

»7.1　水质脆弱性分析

黄河水与地下水有着不同的生成条件及环境影响因素，由于黄河是九五滩水源地补给区，故黄河对九五滩水源地水质的影响是存在的。根据 1999—2007 年黄河水变化特征调查检测数据，主要表现在常规化学组分中的 Cl^-、SO_4^{2-}、Na^+、NO_3^-、NO_2^- 及矿化度含量高于地下水，Fe、Mn 及总碱度明显低于地下水，其他成分差异不大。检测表明，现阶段黄河水的 Cl^- 含量为 96.78 ～ 142.51mg/L，SO_4^{2-} 含量为 91.26 ～ 169.07mg/L，远低于生活饮用水标准规定的 250mg/L。因此，黄河水不会影响九五滩水源地的地下水质量。

另外，城市交通发展对城市大气产生直接或间接污染，形成的酸雨可能会就近影响九五滩水源地的水质，产生一定的水质污染风险。故以防万一，在 Cl^- 和 SO_4^{2-} 方面，要加强水样检测监督和分析。

检测表明，九五滩水源地水中的 Fe 离子在逐渐下降，原因是抽取地下水使垂向水流加速循环，减少了 Fe 的含量，从而使水质达到国家生活饮用水标准，这是有利的一个方面。另外，地下水耗氧量有增加的趋势。对于厂区所使用的浅层地下水而言，近年来采取地下水开采控制措施，遭受污染的途径已经得到了较好控制。石佛水厂周边地区几乎都是居民区，目前无重污染企业。依据河南省水源地保护条例，九五滩水源地为生活供水水源地，20 世纪 90 年代末已开始禁止农耕和渔业养殖，全区超过 $43km^2$ 的土地没有用于农业种植和养殖业，现已逐步形成沿黄河天然湿地。由于区域环境和生态得到保护，水质变差的可能性很小。

从目前供水中的各类矿物质含量分析看，其实际上没有超出国家规定的生活饮用水标准。根据《生活饮用水卫生标准》（GB 5749—2006），国家城市供水水质监测网郑州监测站定期对石佛水厂出厂水进行了检测。检测报告（2010 年 4 月 19 日、2010 年 9 月 13 日、2010 年 3 月 11 日、2011 年 7 月 30 日、2012 年 2 月 17 日）提供的数据显示，所检测的水质项目均符合《生活饮用水卫生标准》（GB 5749—2006）。

为了缓解或规避风险，今后每年的水样都要送郑州太古可口可乐饮料有限公司或第三方进行检测，以准确地了解地下水及处理后的水质，严格按可口可乐水质的要求进行检测评估，一旦原水及处理后的水质发生大的变化，立即启动水污染预案。

»7.2　水量脆弱性分析

根据前面章节的用水分析，汇总郑州太古可口可乐饮料有限公司用水量的脆弱性，主要表现在以下几点。

（1）郑州自来水投资控股有限公司下属石佛水厂取水来自九五滩水源地，作为水源地补给水源之一的黄河，十几年来，由于农业经济和煤矿企业发展迅速，补给量有减少趋势，间接使黄河水的污染成为可能，会对九五滩水源地的水量产生一定的影响。

（2）郑州市经济和社会处于高速发展时期，人口的增加和城市生活水平的提高，导致用水需求迅速增加，同时环境问题较突出，大气和地表水体受到污染，对地下水有一定影响，污染性缺水风险性增加，因此存在供水量减少的风险。

（3）郑州太古可口可乐饮料有限公司用水和周边企事业单位、社区居民用水，均由郑州自来水投资控股有限公司的公共供水管网提供，随着城市单位的增多和居民人口的增加，郑州太古可口可乐饮料有限公司在今后的生产用水中，会存在与周边企事业单位或社区居民产生竞争用水的可能性。根据郑州市政府 2010 年关于郑州市水资源量的开发管理要求和水源地的最大开采量限制，以及行业用水标准和节水措施，各用水户总量受到了一定限制。郑州太古可口可乐饮料有限公司年用水量一般为 40 万～ 48 万 t，用水具有一定宏观影响，可能会出现竞争用水风险。但是与周边一些年用水量几千万吨的用水大户相比，用水量很小，引起纠纷的可能性也是极小的。

（4）近年来，城市用水量增加，水处理成本逐渐提高，导致郑州市水价持续上涨。虽然涨幅较小，但是直接涉及民生，可能会引发郑州太古可口可乐饮料有限公司生产用水价格持续上涨，致使生产成本上升，从而导致可口可乐系列产品的价格上涨。

（5）当地水政策的变动也可能会影响郑州太古可口可乐饮料有限公司生产用水，例如有限用水问题、污水排放和突发事件影响等。郑州太古可口可乐饮料有限公司应积极响应国家相关政策，并与政府相关部门进行有效沟通和联系，及时了解相关信息，并制定相应的应对办法。

为了解决好郑州市的城市供水问题，郑州市和供水公司都采取了许多关键性措施，例如，小浪底水库自2006年建成运行以来，旱季可保障最小54m^3/s的下泄流量，不出现断流；郑州市目前人均用水量控制在0.15m^3/d，政府的中长期用水规划可保障人均供水量为0.24m^3/d，而郑州市正在创建节水型社会，目标是人均用水量降到0.10m^3/d；九五滩水源地的设计开采量为10万t/d，目前实际开采量为7万t/d左右，还有扩大开采量的潜力；在减排治污方面，郑州市环保局加大了治理力度，2000年郑州市实际排污量为80万t/d，目前大约为120万t/d，2002年污水处理厂处理污水能力为40万t/d，在增加了一个污水处理厂之后，目前污水总处理能力为80万～100万t/d，预计5年后郑州市将实现污水量零排放目标，可以很好地解决污水处理和中水再利用问题，避免污水污染郑州市地下水体；在化肥和农药污染问题方面，政府严禁使用剧毒和有毒农药，推荐使用易降解农药，提倡科学施肥和绿色农业，避免污染性缺水；另外，南水北调工程已经启动，并于2014年通水，河南省有充足的水量供各行各业使用，其中有3个在建水厂和1个外线供水口门，在建水厂和外线供水口门距郑州太古可口可乐饮料有限公司很近，将来有优先用水优势。

为应对上述潜在或可能的风险，进一步提高企业用水水量和水质保证率，郑州太古可口可乐饮料有限公司应加强与郑州自来水投资控股有限公司及政府相关部门的沟通和联系，及时获取供水水量和水质方面的风险性资料，尤其是在用水高峰时段和干旱缺水季节，要与郑州自来水投资控股有限公司及政府相关部门密切配合，形成机制，把握时机，防范风险，同时加强节水技术改造和中水回用措施，降低单位产品用水成本。

»7.3 相关利益分析

郑州太古可口可乐饮料有限公司用水和周边企事业单位、社区居民用水，均由郑州自来水投资控股有限公司的公共供水管网提供，随着城市单位的增多和居民人口的增加，根据郑州市政府2010年关于郑州市水资源量的开发管理要求和水源地的最大开采量限制，以及行业用水标准和节水措施，各用水户总量受到了一定限制。郑州太古可口可乐饮料有限公司年用水量一般为40万～48万m^3，作为以水为主要生产原料的特殊行业，其用水具有宏观性影响，在今后的生产中，会存在与周边企事业单位或社区居民产生争水的可能性，也许会出现竞争用水风险。虽然供水公司下达给郑州太古可口可乐饮料有限公司的用水指标是53万m^3/a，但是其从未突破供水公司下达的用水指标。因此，郑州太古可口可乐饮料有限公司与周边企事业单位和居民竞争用水的风险虽有，但较低。另外，郑州太古可口可乐饮料有限公司现有和将来噪声、废气排放超标的可能性较小，污水排放也已达到零排放标准，不会影响周边居民生活。

此外，郑州太古可口可乐饮料有限公司应加强与周边居民进行有效沟通和互动，使周边居民了解企业的运营并无环境副作用，并进一步投入一定规模的人力、财力、物力，积极开展黄河湿地修复等公益活动。

7.4　水价调整分析

近年来，水价调整一直是社会关注的问题。根据调查资料，可以预见水价将会逐步提高，企业的运营成本会相应增加。郑州自来水投资控股有限公司向社会提供的居民生活用水、工业用水、行政事业用水、经营服务业用水和特殊用水，水价是有所区别的，市场通用的是综合水价，即由基本水价、附加费、污水处理费和南水北调基金组成。白庙水厂和柿园水厂提供的 2008—2012 年水价变化对比情况见表 7-1。

表 7-1　2008—2012 年水价变化对比情况　　单位：元

用水分类	基本水价	代政府收取的费用					
		附加费	污水处理费	南水北调基金	2008 年综合水价	2010 年综合水价	2012 年综合水价
居民生活用水	1.50	0.10	0.65	0.15	2.18	2.28	2.40
工业用水	1.90	0.10	0.80	0.25	2.30	2.45	3.05
行政事业用水	1.90	0.10	0.80	0.25	2.30	2.45	3.05
经营服务业用水	2.90	0.10	0.80	0.25	2.85	3.10	3.25
特种用水	9.10	0.10	1.00	0.25	—	—	10.45

注　“—”表示无相关数据。

与其他城市比较，郑州市水价偏低，因此有必要通过调整水价增强人们的节水意识，这也是节约用水的方式之一。由此可以预测，郑州市会逐步调整水价，实施阶梯式水价制度。

郑州太古可口可乐饮料有限公司应加强与政府相关部门密切沟通，积极参加水价调整听证会，提高员工节水意识，发动员工改革创新，真正建成“三高、三低”（高技术、高成长、高附加值，低污染、低耗能、低耗水）的新型企业。

»7.5 水权变化脆弱性应对分析

在建设节水型城市的过程中，城市用水政策越来越完善，对节约用水要求越来越严格，当极度缺水时，可能会限制行业用水，当发生突发事件时，供水可能存在优先权问题。郑州太古可口可乐饮料有限公司在供水的排列次序中不是一类优先，可能会受到影响。当然，这种风险极小，因为郑州太古可口可乐饮料有限公司的日用水量较小。为了减少风险，郑州太古可口可乐饮料有限公司应加强与政府相关部门、供水公司的沟通和联系，了解相关信息，及时提出应急对策，做好应急预案。

»7.6 突发事件应对分析

在对郑州太古可口可乐饮料有限公司的用水脆弱性进行分析的过程中，前面提到的5种风险很小或极小。但从外部环境条件考虑，也要积极预防突发事件的发生。郑州太古可口可乐饮料有限公司于1996年7月8日投产，1996年9月12日开业，20多年来，厂区内几乎没有出现过因水处理系统损坏而造成的供水停顿的情况，外部公共水系统与公司同期投产运行，也没有出现过因供水系统损坏而造成的供水停顿的情况。但是考虑到水处理系统已运行多年，不排除将来厂区内水处理系统会出现故障。为防止各类突发事件发生，郑州太古可口可乐饮料有限公司应严格按照公司管理体系进行操作，定期进行一系列检查，如防火、防爆、防毒，并防止信息管理系统失灵，必须做好1000m^3储水池的备用养护工作，并且从机构、设施、人员、经费、材料等方面考虑，建立完善的突发事件应急救助系统。

第 8 章　地下水资源管理与保护

地下水依据自身的自然属性和社会属性，成为社会、经济、生活中最宝贵的资源，也是水资源的重要组成部分。地下水资源是一个庞大而又复杂的地下水系统，《地下水资源分类分级标准》（GB 15218—94）给出的定义是：埋藏于地表以下各种形式的重力水。地下水资源分布广泛，不同区域的富水性、补排关系、运动规律、供水价值差异很大。因此，地下水资源管理有其特殊属性，进行地下水资源管理必须体现出其具有的系统性、完整性和科学性系统管理的特点。

地下水资源管理是指在充分了解地下水资源及其开发利用状况和动态变化的前提下，利用行政、法规、经济、技术、工程和宣传教育等手段，对地下水资源开发、利用和保护实施组织、协调、监督，实现地下水资源可持续利用、安全利用，有效保护生态环境的活动。世界各国都非常重视水资源管理。

8.1　国内外水资源管理状况

8.1.1　国外地下水管理

发达国家和地区在地下水开发利用和管理方面积累了丰富的经验和先进的技术。下面对美国、日本、韩国、以色列、澳大利亚以及欧盟等国家和地区的地下水管理作简要阐述。

1. 完善规划及审批程序

（1）资源开发与保护，规划先行。规划是对未来整体性、长期性、基本性问题的思考、考量和设计。国外非常重视规划的制定与执行工作。许多发达国家和地区的地下水资源开发利用、地下水污染防治、超采区地下水压采等，均制定了相关规划，并严格实施。

荷兰有关法律法规明确规定，水资源开发利用及环境保护必须制定相关规划，制定和执行规划已成为协调社会各利益集团关系的重要手段。荷兰的水资源规划体系中，全国水资源管理的战略规划由中央政府负责制定。就地下水开采总量控制而言，国家制定地下水开发利用管理总体规划，将地下水可开采总量分配到各省市，各省市政府据此制定本地区的地下水开采规划。

为有效解决地下水超采问题，确保到2025年能够完成地下水压采目标，美国亚利桑那州政府根据州立《地下水管理法》，制定了地下水压采规划。该规划规定，每一个管理期所制定的农业、工业和生活用水、节水计划指标必须比前一个管理期有所提升，即要求越来越严格。该规划的制定和实施，对亚利桑那州实施地下水压采起到了不可或缺的作用。

韩国先后制定了《水资源总体开发10年计划》（1966—1975年）、《水资源长期总体开发计划》（1981—2001年）、《水资源长期总体计划》（1991—2011年）、《水资源长期总体计划》（1997—2011年）、《水资源长期总体计划》（2001—2025年）。这些水资源计划中包含了地下水开发和管理，其中2000年制定的水资源计划要求进行地下水系统开发和有效管理。

（2）严把取水许可审批关。实行地下水取水许可审批是许多国家控制地下水开采、强化水资源管理与保护的一项重要举措和关键抓手。国外取水许可的具体表现形式有特许证、执照、优先水权许可证、水权登记及其他法律形式等。

韩国1994年颁布的《地下水法》明确提出，实行地下水取水许可制度。韩国《地下水法》规定：地下水取用须经主管部门许可，进行取水许可登记，明确用户和用途，确定用水量和可分配的地下水量；地下水取水许可申请者要通过地下水影响调查机构实施的地下水影响调查，并在许可内容中出示审查结果；如果地下水取水许可损害了河流用水者的利益，河流管理机构应要求地下水取水许可申请者获得河流用水者的同意方可取水。

在美国，获得水权须经州政府主管部门的批准，包括地下水水权。申请地下水取水许可应当按照水资源控制委员会规定的形式，提交地下水取水许可申请、地下水使用的有关信息、节约用水对水资源影响的分析报告；地下水取水许可的有效期最长不超过10年，有效期满后取水许可证自行失效；需要延长取水期限的，必须按照水资源控制委员会的规章要求及时提交新的许可申请。

以色列的《水法》对地下水许可管理做出了严格的规定。以色列《水法》规定，每一种用水都要求许可。《水法》将地下水严格界定为公共资源，从法律上排除任何许可之外开发利用的可能性，即使仅用于生活用途也不例外。打井、抽取、供给、消费、地下水回灌和水处理，都以许可为前提。地下水许可审批每年一次，不自动延续到下一年度。许可中规定的事项包括水量、水质、生产和供应水的程序和相关安排，以及提高用水效率和防止水污染等内容。

2. 注重法制建设

法制建设是发达国家推进水资源合理开发、高效利用、综合治理、优化配置、全面节约和有效保护的最主要、最有效的一种管理手段。只有通过有效的立法，做到有法可依，才能真正规范地下水开发利用的行为，预防地下水不合理开发利用和地下水污染等现象。因此，法制建设已成为发达国家地下水管理与保护工作的核心内容。

为加强地下水管理与保护，美国制定了一系列法律法规和规章制度。美国环境保护署2000年颁布的《地下水规程》主要对地下水污染、与地下水有关的生态环境保护和人体健康问题进行规范，并颁布《安全饮水法案》《资源保护与恢复法案》《环境响应、赔偿、责任法案》等一系列针对性强的法律，为有效控制地下水污染提供了有力的法律保障。

日本在工业化中前期过量开采地下水，造成地面沉降和海水入侵等问题。为限制地下水开采，日本制定了两项法律，一是《工业用水法》（1956年），二是《关于限制建筑物取用地下水的法律》，后者的限制对象是地面沉降极端严重地区。日本利用立法手段限制地下水开采，收到了较好的效果。

以色列的地下水管理法律法规主要有《水井控制法》《量水法》《水法》。这些法律法规对地下水的用水权、用水额、水费征收、水质控制等作了详细规定。加上水资源委员会制定的各种法规条例，以色列针对地下水管理的基本内容和管理程序建立了一套完善的法律法规体系。

荷兰的地下水管理法律法规主要有《水法》《地下水法》和《土壤保护法》。荷兰1984年颁布的《地下水法》规定，省政府负责地下水的规划和管理，签发许可证和收取用于研究等活动的专门经费，制定地下水水质保护规划，圈定地下水保护区，有限制地使用土地。

20世纪90年代，澳大利亚制定了国家改善地下水管理框架政策和地下水水质管理策略，开展了水资源评价等重要工作，极大地推动了各州对地下水的管理。澳大利亚的地下水管理法律法规主要由各州制定。

德国2002年重新修订的《自然保护法》对开采地下水作了严格规定，凡因饮用水供应、灌溉或生产过程中需开采地下水，必须事先向管理部门提供详细的地质资料、测量数据、生态风险评估报告、施工计划和补偿方案，同时需要证明在现有技术水平下水的消耗与损失已经尽可能降至最少，除地下水外，没有地表水、雨水集蓄或其他可替代水源。

3. 重视地下水管理技术创新

国外非常重视科技研发工作，充分发挥科技对地下水管理与保护的支撑作用，具体体现在以下几个方面。

（1）注重提高地下水管理的技术含量。即利用先进的技术手段，提高地下水管理的层次和水平，合理规划、科学研究，并与施工单位密切协作。以色列利用现代化的水管理信息系统对水资源进行优化调度、监督和配置，建立了全国不同地区、不同含水层的水量均衡方程，大量采用地下水流数值模拟、现代化信息技术和人工回灌等先进技术。

（2）注重科研成果转化、应用与推广。水是以色列的生命线，以色列十分重视提高水资源的利用效率，在农业上大力推广节水灌溉新技术。以色列的灌溉模式以滴灌为主，占总灌溉面积的85%，其余灌溉模式为喷灌和微喷灌，分别占10%和5%。

澳大利亚十分重视科研开发，广泛利用节水技术，开发的重点是污水处理和节水。澳大利亚首都堪培拉，家家装有小型自动化污水处理设备。农业用水普遍采用先进的节水灌溉设备，极大地提高农业用水效率的同时，降低了农民用水的费用支出，减少了地下水开采。

（3）注重地下水污染防治技术研发。发达国家地下水污染调查和治理起步早、进展快，工作重点已由无机污染转向有机污染，形成了系统的、完善的地下水污染调查评价技术方法，为地下水污染治理提供了重要的技术支撑。

以色列不仅严格控制水污染，而且非常重视废水的回收利用，并通过低水价鼓励用户使用处理后的污水。以色列主要的污水处理厂均临海修建，污水处理产生的高浓度污泥通过深海埋藏避免二次污染。以色列限制使用对水源污染较大且难以净化的洗涤用品。以色列通过进口牙膏、电池等化工产品的方式保护本地水环境，对废旧电池有严格的回收处理措施。

（4）积极开展人工涵养和战略储备研究。日本各地区开展了人工涵养地下水的研究和实验工作，主要包括在地表水丰水期进行人工回灌、建造渗透池、使用透水性路面材料、建造地下水库等。荷兰的地下水工程技术先进，主要表现在地下水渗滤补给、监测网优化、数据库建设、REGIS 开发等方面。以色列在北部丘陵地区修建了很多位于农田之间的小型蓄水池，不仅可以积蓄雨期的洪水，还可以存蓄经处理的污水用于农业灌溉。

4. 严格水量、水质监测与制度考核

地下动态监测工作是实现地下水资源科学管理与有效保护的重要基础和决策依据。许多国家非常重视地下水监测工作，建立了科学、完善的地下水动态监测体系。

（1）建立完善的地下水监测网络。荷兰应用地质科学研究院（ITC）是荷兰地下水研究与管理中心，负责获取地下水数据、监测网络运行、数据分析、全国和省级水平的地下水资源评估、水流模拟以及所有与地下水相关信息的管理。荷兰地下水水位档案建立于 1948 年，全国现有约 2.5 万个地下水监测点，通常每月观测 2 次。所有监测数据经过严格的质量检查后储存在 ITC 的地下水档案中心数据库中。用户可通过计算机联网查找或联系 ITC 提供数据信息。另外，为快速、高效处理水资源信息，为管理提供优选决策，荷兰政府自 1990 年开始组织有关单位合作研究开发“区域水文地质信息系统”（REGIS），该系统已经建成并投入使用。

据统计，美国现有 20000 多眼地下水观测井，5000 多个水质测量站点，在全国建立了 250 多个水质监测网，对 26 个州的地下水污染状况进行全面调查及专门性区域地下水污染监测。这些资料对分析地下水水质动态、预测地下水污染发展趋势有很大的帮助。

以色列设有国家水质检测中心，下设 50 多个监测站，负责全国上千个水质监测点的水样检测。一方面实时监测水源点水质状况；另一方面从积累的数据中得到不同区域水质变化的趋势，进而分析原因，制定相应对策。长期监测水质状态，为发现和处理问题提供了重要信息和决策依据。

（2）注重地下水监测与监督工作。美国十分重视地下水监测与监督工作，加强对垃圾填埋场地下水的监测与监督，并将该工作作为水管部门的重要任务之一。如果监测物超过正常含量，表明垃圾填埋场有可能出现纰漏，则要求垃圾填埋场的业主必须在 7 天内向当地环保局报告，同时必须分析所有监测井是否存在超量物质；90 天内，垃圾填埋场的业主必须向当地环保局提交一份修改经营许可的申请；180 天内，必须提交一份关于清理地下水污染的可行性计划。

欧盟保护、加强和恢复所有地下水体，目的是使地下水体达到良好状态，改变各种因人类活动影响而导致的污染物浓度呈持续上升趋势。

5. 动员民众积极参与地下水管理

发达国家和地区在进行地下水管理立法时十分重视社会组织和用水户的参与，明确规定地下水协会、用水户组织及其参与的权责。例如美国成立了国家地下水协会，澳大利亚成立了钻探工业协会，加拿大成立了地下水管理协会，西班牙成立了地下水用水户协会等。这些协会在地下水管理中发挥了不可或缺的作用。以色列在进行水资源管理时十分重视民众的参与，所有水文、水资源信息均对外开放，民众能了解与生活息息相关的水资源状况。另外，以色列的重要水资源政策的制定必须通过公众听证会。

8.1.2 我国地下水管理现状

近年来，我国许多地区针对当地出现的地下水超采和污染等问题，在地下水管理与保护方面开展了大量卓有成效的工作，取得了诸多成功的经验。

1. 重视政策与法规建设

（1）完善地下水管理法规体系。为加强地下水资源保护，辽宁省于2003年颁布了《辽宁省地下水资源保护条例》。2004年，新疆维吾尔自治区人民代表大会通过了《新疆维吾尔自治区地下水资源管理条例》。河北、江苏等省（市、区）也颁布了一系列地方性法规，例如《河北省取水许可制度管理办法》《关于在苏锡常地区限期禁止开采地下水的决定》《徐州市地下水资源管理条例》《义乌市地下水资源管理办法》《武汉市地下水管理办法》《成都市地下水资源管理办法》《苏州市人民政府关于调整地下水资源费的通知》等。

江苏省对地下水资源保护的立法颇具代表性，其紧密结合本地区实际，又根据国家立法中有关地下水资源保护的规定，在此基础上进一步作了具体规定，例如《江苏省水资源管理条例》第十三条规定："地下水禁止开采区、限制开采区划定和调整方案由省水行政主管部门会同同级有关部门，根据地下水开采状况、地下水水位变化、地面沉降及其他地质灾害、地表水源替代等情况编制，报省人民政府批准，并予以公告。"该条规定作了有效补充，具体规定了在地下水超采区内应采取的保护措施。鉴于国家地下水资源保护立法在某些领域存在不足之处，《江苏省水资源管理条例》第九条规定："优先开发利用地表水，合理开采浅层地下水，严格控制开采深层地下水。"另外，江苏省《关于在苏锡常地区限期禁止开采地下水的决定》（2000年）、《关于加强全省浅层地下水管理的通知》（2004年）、《关于进一步加强地下水管理工作的通知》（2006年）中，对地下水超采区管理制度、地下水取水许可制度作了相关规定，在《中华人民共和国水法》的基础上增加了可操作性，值得其他地区借鉴。

（2）建立合理的水价形成机制。为削减地下水开采量，遏制地下水超采问题，甘肃省《石羊河流域水资源分配方案》明确提出，要深入推进水价制度改革，通过经济杠杆减少地下水的开采量；通过加大流域内农业灌溉地下水资源费的征收力度，使取用地下水进行农业灌溉的取水单位和个人均按照批准的取水量缴纳水资源费和水费；超过批准取水量取水的，累进加价征收水资源费和水费，并最终使地下水水费和地表水水费一致或略高。

为充分发挥价格的杠杆作用，巩固地下水禁采成果，苏锡常地区（苏州市、无锡市、常州市）5 年内两次调整地下水资源费征收标准，大大提高了地下水的开采成本，解决了开采地下水成本较自来水生产成本低的状况。

2. 规范地下水资源规划审批程序

（1）出台地下水专项规划。为有效治理地下水超采问题，遏制因地下水过量开采导致的生态环境恶化，甘肃省石羊河流域专门出台了流域地下水专项规划，划定石羊河流域地下水限采区、禁采区，明确限采区的开采深度和允许开采量，合理调整机井布局，并根据地下水开采总额控制目标核定每眼机井的开采量，逐步消减地下水的开采量，实现地下水资源的采补平衡。为逐步压缩深层地下水开采量，河北省对浅层地下水和深层承压水含水层进行分层地下水资源评价，根据水资源供需平衡分析，制定地下水控制开采方案，制定了《河北省地下水资源开发利用规划》，实行地下水计划开采。

为严格控制地下水开采量，天津市制定了《天津市南水北调受水区地下水压采方案》，规定到 2010 年，全市地下水开采量回落并基本维持在 2003 年的水平；到 2015 年，禁止严重超采区的地下水开采，减少一般超采区地下水开采量，城市周边地下水超采得到有效控制；到 2020 年，在 2010 年开采的水平上，压缩地下水开采量 21110 万 m^3，深层地下水开采量保持在 15368 万 m^3，全市实现不超采。《天津市地下水超采区划定方案》具体划分出超采区、严重超采区、严格限采区、过度禁采区和禁采区，并明确了禁采、限采措施。这些举措为天津市实施地下水压采，逐步解决地下水超采问题奠定了良好的基础。

（2）严格把握审批环节。严格把握审批前、施工时、成井后三个环节，是石羊河流域治理工作采取的重要举措。石羊河流域禁止新打机井和开荒，只允许旧井改造，牢牢把握机井更新审批前的现场勘察、施工时的监督和成井后旧井的回填三个环节。审批前的现场勘察，着重了解机井是否已报废、拟更新的地点是否存在开荒；施工时，加强对打井机组的监督，察看打井机组是否在批准的地点作业、开凿井深是否超过批准的深度；成井后，监督用水户对旧井进行回填和安装计量设施。通过严把“三个环节”，石羊河流域地下水开采量得到有效控制。

3. 加大监测与监督力度

（1）完善监测与计量措施。山西省初步建成了全省地下水监测网络和地下水信息管理与应用服务系统。加大执法力度，严肃查处未经批准违法打井、不安装计量设施取水、拒不缴纳水资源费、故意损坏计量装置等违反水法规的行为。

石羊河流域强化了管理、工程、经济、执法“四项措施”。在管理措施上，一是强化取水许可管理，严格取水许可申请制度，规范申请审批程序，严把取水许可审批关和年检关；二是加强凿井登记管理，在源头上杜绝未经批准违法打井的行为。在工程措施上，加快实施田间节水改造工程，对全流域的机井安装计量设施实现量化管理，计量收费。在执法措施上，建立以流域管理与区域管理相结合、区域管理服从流域管理的执法机制。

（2）强化执法监督力度。石羊河流域健全水政监察执法队伍，强化执法力度、提高执法质量是实现依法管水、依法治水的重要保证。加强执法人员法律法规和水资源管理知识学习与培训，不断提高业务能力和知识水平。

4. 提高民众参与热情

为形成政府与民众共同治理的合力，石羊河流域加大宣传力度，使民众了解生态环境状况及相关的法律法规，提高生态危机、节约用水和依法取水意识，营造全社会珍惜水、保护水、节约水的浓厚氛围。

河北省为配合地下水的开采实施严格管理，增发《水利简报·关停自备井专刊》，通报各市开展关停工作的情况，还通过各种媒体进行宣传。

江苏、山东等省（市、区）也采取不同形式大力宣传国家和地方地下水管理的方针、政策、法规和科学知识，增强全社会的节水意识和地下水环境意识。地下水宣传主要利用网络、报刊、电视电台、传单等方式，加强舆论监督，建立健全举报机制。

8.1.3 实施最严格水资源管理的重大意义

随着我国社会经济的快速发展，对水资源的需求量越来越大，环境污染、生态受损、安全供水问题也日益凸显。水是生命之源、生产之要、生态之基，人多水少、水资源时空分布不均是我国的基本国情和水情，党的十八大还把实行最严格水资源管理制度作为生态文明建设的重要内容写入报告。为此，2011 年中央一号文件《中共中央 国务院关于加快水利改革发展的决定》和中央水利工作会议明确要求实行最严格水资源管理制度，把最严格水资源管理作为加快转变经济发展方式的重要举措。国务院在2012年1月12日发布了《关于实行最严格水资源管理制度的意见》（国发〔2012〕3 号），对实行最严格水资源管理制度进行了总体部署和具体安排。这一系列重大举措充分体现了党中央、国务院对实行最严格水资源管理制度的高度重视和坚定决心。

与此同时，首都北京人口急剧增加，面临环境及安全供水问题，引起了党和北京市政府的高度重视。为加强北京市地下水资源管理，保障全市安全供水以及生态和环境安全，2014 年，习近平总书记在视察北京工作的讲话中，特别强调了“节水优先、空间均衡、系统治理、两手发力”的治水思路，明确提出城市发展要坚持“以水定城、以水定地、以水定人、以水定产”的根本原则，并要求各级领导和相关部门牢固树立“量水发展”“安全发展”的新理念。习近平总书记的讲话为解决首都所面临的水安全问题提出了更高要求。

8.1.4 北京市地下水管理的新常态和新理念

水是北京市发展的基础和命脉，北京市为特大型缺水城市，如何提升北京市水安全保障水平，始终是水务工作面临的重大课题。北京市政府在贯彻习近平总书记和水利部文件精神的过程中，全面贯彻中央对水务工作的总体部署，顺应新常态、把握新趋势、落实新要求，实行最严格水资源管理制度，坚持“三条红线”（用水总量、用水效率和水功能区限制纳污）、“三同时”（同时设计、同时施工、同时投入生产和使用）、“五同步”（同步谋划、同步部署、同步推进、同步检查、同步考核），坚持以保障首都水安全为核心，以节约保护为先导，以重点项目为支撑，以深化改革为动力，以法制建设为保障，以现代化科技管理为切入点，深入推进治水思路的战略性转变，加快推进“民生水务、科技水务、生态水务”建设，为进一步完善水安全战略做出了诸多成绩。纵观全局，北京市在地下水资源信息化和现代化系统管理方面仍存在薄弱环节，还不能完全适应新形势下地下水资源安全与保护的新要求。因此，必须从法规措施、行政措施、经济措施、技术措施和工程措施等方面，加强地下水资源的现代化管理。

» 8.2 地下水资源管理

地下水资源管理是水行政主管部门工作的核心内容，涉及地下水资源的评价、规划、合理利用、科学分配、优化配置、地下水资源保护、超采区治理、地下水动态监测等一系列工作环节。通过对地下水资源实施科学管理，实现合理开发利用地下水资源，支撑经济社会的可持续发展，保护好水资源与生态环境，促进社会建设向资源节约型、环境优美型、生态友好型方向发展。

地下水资源管理是水资源管理的重要组成部分，主要涉及地下水资源权属管理和与权属管理有关的法律法规管理、技术管理、水行政管理、工程与经济措施管理等。由于地下水管理是系统性管理，在管理过程中，要遵循既定程序，实施科学管理。其主要的管理内涵和过程包括：①地下水资源调查评价；②地下水资源规划；③地下水资源技术管理；④地下水资源开发利用监督；⑤地下水资源保护；⑥地下水资源管理修复；⑦地下水动态监测与信息发布。

由于地下水资源具有系统性，必须对其采取综合性的系统管理措施，主要包括法规措施、行政措施、经济措施和技术措施等。

8.2.1 法规措施

法律是强化管理、实现依法治水和管水的最有效手段之一。由于地下水资源不合理开发利用，许多国家和地区都出现了严重的水问题，各国政府和民众已逐渐意识到加强地下水资源管理和保护的重要性，并制定了与地下水管理相关的法律法规。

20 世纪初，澳大利亚一些州就制定了关于地下水的立法，包括地下水取用申请许可、地下水量分配和违反许可的处罚等内容。为防止地面沉降，日本于 1956 年制定了《工业用水法》。日本于 1962 年制定的《关于限制建筑工程开采地下水法》要求，凡开采地下水供高层建筑物使用，必须呈报都道府县批准。韩国于 1994 年颁布的《地下水法》，对地下水的调查评价和利用规划、地下水开发利用的许可审批等作了详细的规定。西班牙于 1985 年颁布的《水法》规定，地下水属于公共财产，开发利用地下水必须实行许可制度。为加强地下水资源管理，土耳其政府授权国家水利工程总局起草《地下水法》，并于 1960

年颁布实施，《地下水法》规定，地下水属于公共资源，由国家实行统一管理。还有其他国家和地区也制定了专门的地下水管理法规，例如以色列的《水井控制法》（1955年）、泰国的《地下水法》（1972年）、英国的《地下水管理条例》（1998年）等。美国西部的加利福尼亚州、亚利桑那州、内华达州、得克萨斯州、爱达荷州、犹他州和科罗拉多州等以地下水为重要供水水源的州均制定了专门的地下水管理法规。

地下水法规是地下水资源合理开发利用和保护的根本保障，也是一个国家开发利用水资源的统一标尺。《中华人民共和国水法》是保证中国水资源可持续开发利用的根本法律，必须人人遵守，一旦触犯法律法规，必须依法承担责任。

8.2.2　行政措施

根据可持续发展理念，许多国家和地区制定了水资源开发利用改革框架政策、国家水质管理策略和水资源评价等，明确指出地下水可持续开采量与生态环境密切相关，确定地下水可持续开采量时，要考虑保护湿地、植被、水生生物、河流基流、泉水、石灰岩溶洞等依赖地下水而生存的生态系统。为保护地下水供水水源，在地下水水源地附近禁止或限制开展某些可能对地下水造成污染的活动。

为科学管理地下水资源，保障水资源的可持续利用，我国建立了完善的水资源管理行政机构和执法队伍，制定了行政化的水资源管理条例，并细化了的水行政岗位责任制度。这些完善的行政措施，推动我国水资源开发利用政策得到有效实施。

8.2.3　经济措施

水资源管理的经济措施主要包括把水资源管理纳入社会和国民经济发展计划、利用经济手段进行水资源管理、加强水资源经济管理模型的研究。其中，利用经济手段进行水资源管理是国内外控制地下水开采和加强地下水保护的常用措施之一。

法国对取用地下水有严格要求，根据水源状况、工业废水的污染程度、供水时间以及为了提高供水质量而采取的供水工程措施的差别，分区采用不同的水费标准。取用地下水时，水价相当于取用地表水所需费用的两倍。

泰国曼谷地区是该国地下水超采较严重的地区。为有效抑制地下水开采量的持续快速增长，泰国政府将该区域内的地下水资源费由2000年的3.5泰铢/m^3调整到2003年的8.5泰铢/m^3。但与1999年调整后的自来水价格（8.8～14.45泰铢/m^3）相比，地下水资源费仍然较低。由于2003年修订后的《地下水法案》规定，地下水资源费不得高于自来水水价，因此，为了控制地下水开采量，同时不与《地下水法案》相抵触，泰国自2004年开始对曼谷地区的地下水进行分区，对重点区域的地下水开发利用者额外征收地下水保护费。保护费与地下水资源费的总和与自来水水价基本持平。所收取的保护费全部列入已成立的地下水保护基金，并分配给相关的研究机构和地下水保护机构。如此，不仅对地下水开采起到了积极的抑制作用，而且对地下水起到了保护作用，形成了一个良性的循环。统计资料表明，自2000年以来，曼谷地区的地下水开采量呈下降趋势。

以色列为了防止供水部门垄断价格，同时也为利用经济手段更好地调节各用水部门之间的利益，立法要求全国统一水价。为减少全国水费的区域性差异，专门设立水费调节基金。在水费制度上，以色列实行梯级水价、少奖多罚的政策。例如实际用水量在配水额的50%以内，水价为0.16美元/m^3；为配额的80%～90%，水价为0.25美元/m^3；超过配额的加价300%。这些措施有效地促进了节水灌溉的发展，这也是以色列农业经营者不惜资金投资灌溉设备的原因所在。另外，为了鼓励农业大量利用再生水，以色列为农户提供的再生水价格要低于其他水源。

8.2.4 技术措施

目前，国外地下水资源管理的技术措施主要有以下几个方面：①建立节水型经济结构，开展节水型社会建设，压缩需水量，严格控制地下水开采，防止地下水过量开采；②充分利用地下水库容，开展地下水人工调蓄；③实施排、供相结合和跨流域调水；④实行污水资源化、海（咸）水淡化，充分利用雨洪资源；⑤开展地下水动态监测，防止污染，保护水质等。

1. 调水补给

亚利桑那州地处干旱、半干旱的美国西部地区，地下水是该州重要的供水水源。自20世纪60年代以来，该州中部地区经济快速发展，人口不断增长，地下水开采量急剧增加。据统计，当时地下水约占总供水量的60%，每年超采地下水超过30亿m^3，地下水水位平均每年下降1～2m。由于过度开采地下水，亚利桑那州中部地区的钻井费和抽水费持续增加，水质日趋恶化，地裂缝和地面沉降等不良环境地质问题日趋严峻。在几个地下水超采较为严重的地区，地裂缝和地面沉降等问题不断出现，道路、建筑物和其他基础性设施损坏现象严重，造成了重大的经济损失。为防止地下水超采所引发的问题进一步恶化，并有效解决严重的水资源短缺问题，亚利桑那州提出兴建调水工程的计划。1973年，美国联邦垦务局开始兴建中央亚利桑那调水工程。该工程从科罗拉多河引水，设计年引水量为18.5亿m^3，主要用于解决马里考帕（Maricopa）、潘诺（Pina）和匹马（Pima）3地85座城镇及工业用水户、12个印第安群居区和23个非印第安农业区的用水。这些地区原来的供水水源主要为地下水，中央亚利桑那调水工程引水后，减少了地下水的使用，据有关规定，凡使用该工程水资源的用户，必须减少相同数量的地下水开采量，因此中央亚利桑那调水工程的目的不是增加供水水源，而是替代地下水。中央亚利桑那调水工程通水后，亚利桑那州开始实施地下水压采计划。目前，亚利桑那州许多地区的地下水水位已经明显回升。

圣华金河谷地区是美国加利福尼亚州的主要粮食产区，地下水是该地区重要的供水水源。随着圣华金河谷地区农业的发展，20世纪50年代早期，农业灌溉取用地下水的规模已达12亿m^3。由于地下水过量开采，地下水水位逐渐下降，区域地下水的流向也发生了显著变化。同时，地下水水位持续下降，使得地下水的开采成本进一步增加，许多地区的抽水扬程已增加至250m。另外，地下水过量开采还引发了地面沉降问题。为解决圣华金河谷地区及加利福尼亚州南部地区的水资源供需矛盾，同时解决地下水过量开采问题，加利福尼亚州于 20 世纪 30—50 年代分别兴建中央河谷工程和加利福尼亚州水道工程。这两项调水工程通水后，地表水灌溉量显著增加。由于地表水灌溉增加了地下水的补给，同时减少了地下水的开采量，使地下水水位不断抬升，浅层地下水水位埋深已小于 1.5m，部分地区出现了排水不畅的问题。为此，加利福尼亚州于 1988 年采取工程措施，实施灌区排水措施。

2. 人工回灌

人工回灌是指利用渗滤池、回灌井或其他人工系统，将多余的地表水、暴雨径流、再生污水等输送至地下含水层以供后期开发利用的一种水资源管理举措。

目前，许多国家和地区利用雨洪进行地下水回灌。印度大部分降水都集中在暴雨期的 100 多个小时内，地下水直接获得降水补给的时间非常有限。为了充分利用雨洪资源，印度开展了大规模的集雨和地下水人工补给工程。印度南部的卡纳塔克邦、安得拉邦和泰米尔纳德邦有 20 多万口池塘，许多人建议将池塘用作地下水的补给池。在安得拉邦的卡努尔灌溉系统中，建有一座包括 9 个渗透池和 7 座淤地坝的人工地下水回灌试验场。根据观测资料，通过兴建回灌工程，该地区泉水的持续自流时间从之前的每年 75d 延长至 207d，雨季之后的地下水水位也上升近 2.5m。目前，印度地下水中央管理委员会正在其他地区开展试验性的人工雨洪水回灌。

德国柏林地区的生活用水一般不直接取用地表水，而是以地下水为主。该地区 40%（冬季）～60%（夏季）的饮用水来自哈韦尔河（Havel River）和施普雷河（Spree River）的岸边渗滤回灌水，其他部分依靠天然或人工回灌方式加以补充。回灌水一般在地下含水层中停留至少 2 个月才抽取出来。据统计，柏林水务局每年需要回灌 1.35 亿 m^3 的水。其中，来自哈韦尔河和施普雷河岸边的渗滤回灌水量为 0.57 亿 m^3。

以色列地处干旱地区，以色列政府非常重视水资源的保护与污水的重复利用。为防止排放的污水对地下水造成污染，同时提高水资源的利用效率，以色列在沿海平原区实施了污水处理回灌措施，再生水用于市政公共场地灌溉、城市绿化、公共体育场所、高尔夫球场用水等。同时，再生水回灌对预防海水入侵也收到了良好的效果。根据回灌量统计资料，1977—1993 年，以色列沿海地区的两个再生水回灌点总回灌量达到 6 亿 m^3。

奥兰治县（Orange County）是美国加利福尼亚州的主要粮食产区。该地区 75% 的供水来自地下水，其余 25% 来自科罗拉多河水。由于地下水过量开采，地下水水位持续下降，并引发了海水入侵问题。根据 1956 年的观测资料，海水入侵的最大距离已超过 8km。为了回补地下水资源，防止海水入侵，同时实现污水资源化，奥兰治县水管区于 20 世纪 60 年代中期开始实施再生水回灌工程。实施再生水回灌，不仅增加了含水层的储量，而且有效防止了海水入侵。另外，通过实施地下水回灌，每年可减少约 1500 万 m^3 的入海污水量，并降低了科罗拉多河水的供水率，提高了供水保障率。

拉斯维加斯市地处美国最干旱的内华达州东南部。目前，该市约 15% 的供水来自地下水。自 1945 年以来，由于人口不断增加，城市规模不断扩大，地下水在很长一段时期内严重超采，并引发了地面沉降问题。为有效解决地下水超采及其引发的不良问题，拉斯维加斯市于 20 世纪 80 年代末实施了地下水人工回灌。当时的回灌井数为 51 眼，其中部分回灌井同时用作开采井，日均回灌规模约达 30 万 m^3。至 1993 年，地下水水位开始有所回升，部分干涸的井眼重新涌出井水。至2000年，地下水累计回灌量已达到2.46亿m^3。

3. 雨洪利用

随着地下水资源的日渐衰竭，雨水利用技术越来越引起人们的关注。为扩大水资源的供给，减少对地下水资源的需求，许多国家和地区已经着手或正在考虑利用雨洪资源。印度古吉拉特邦西部地区，屋顶雨水收集和利用技术越来越普及。约旦利用雨洪资源已有数百年的历史，雨水收集装置曾是房屋建筑的必要组成部分。随着现代供水管网大规模投入使用，原先的集雨设施逐渐被废弃。但是近年来，由于水资源短缺问题日趋严峻，这些集雨装置又开始恢复利用。美国得克萨斯州大学生物实验室修建了一座3级阶梯深潭系统，并利用雨洪水培育和饲养水生生物。智利北部沿海地区的一项雾水收集工程每天收集的水量平均约达11m^3，可解决社区330人的日常用水需求。

8.3 地下水红黄蓝管理策略

8.3.1 红黄蓝区

蓝线水位和红线水位的概念是随着地下水红黄蓝管理策略的构想而产生的，它以蓝线水位和红线水位作为判定管理分区是处于蓝区、黄区还是红区的量化指标。

对于下降型或上升型关键水位区域而言，凡是处于蓝线水位以下或以上的管理区统称为蓝区，其地下水资源尚有进一步开发利用的潜力，可按照取水许可管理制度对地下水实施有效管理。

凡是处于蓝线水位和红线水位之间的管理区统称为黄区，黄区分上黄区和下黄区。上黄区（上升型关键水位区域）地下水处于正均衡状态，因地下水水位抬升有可能引发资源（地下水大量蒸发损失、水质变劣）、生态（土壤次生盐渍化、沼泽化）和地质环境等问题，可按照取水许可管理制度鼓励地下水开采；下黄区（下降型关键水位区域）地下水资源已无进一步开发利用的潜力，可按照取水许可管理制度对地下水实施积极管理。

凡是处于红线水位以下或以上的管理区统称为红区，红区分上红区和下红区。上红区（上升型关键水位区域）地下水处于正均衡状态，因地下水水位过度抬升有可能引发资源（地下水大量蒸发损失、水质变劣）、生态（土壤次生盐渍化、沼泽化）和地质环境等问题，可按照取水许可管理制度对地下水实施危机管理，强制增加地下水开采量；下红区（下降型关键水位区域）地下水已处于超采状态，可按照取水许可管理制度对地下水实施危机管理，遏制地下水严重超采的态势。

根据地下水特点和管理需要，对应地下水管理分区，按地下水的开发利用状态及存在问题的紧急程度，可将管理等级划分为红区、黄区和蓝区3种状态。其中红区为紧急程度最高级别，黄区为紧急程度中等级别，蓝区为紧急程度一般级别。这3种分区可以用来表征地下水开发利用状态的警示（紧急）程度和管理等级。

8.3.2 监督管理策略

根据上述给定的概念和管理等级划分，以及选定的监测井预先分析和给定的关键水位（红线水位与蓝线水位），可以判定当前时段其管理分区的水位处于何种状态（蓝区、黄区还是红区），进而根据预先设定的管理原则和管理策略对地下水资源进行量化管理和科学管理。关键水位与管理策略见表 8-1。

表 8-1　关键水位与管理策略

关键水位	管理等级	管理原则	管理策略
红线水位以上	上红区	强制性开发和利用	危机管理
红线水位以下、蓝线水位以上	上黄区	鼓励性开发和有效利用	积极管理
蓝线水位	蓝区	合理开发和高效利用	有效管理
蓝线水位以下、红线水位以上	下黄区	限制性开发和有效利用	积极管理
红线水位以下	下红区	强制性减采和利用	危机管理

根据地下水红黄蓝管理的理念，针对红区、黄区和蓝区 3 种状态的管理等级，可以提出不同的取水许可和水资源费征收等管理策略。

（1）上红区。对于控制性关键水位处于红线水位以上的管理分区（上红区），地下水管理采取“强制性开发和利用”的原则，按照取水许可管理制度实施危机管理，强制增加地下水开采量，严格推行阶梯式累进减免水资源费征收政策，遏制因地下水水位过度抬升所引发的资源（地下水大量蒸发损失、水质变劣）、生态（土壤次生盐渍化、沼泽化）和地质环境等问题，确保地下水可持续利用。

（2）上黄区。对于控制性关键水位处于红线水位以下、蓝线水位以上的管理分区（上黄区），地下水管理采取“鼓励性开发和有效利用”的原则，按照取水许可管理制度实施积极管理，鼓励增加地下水开采量，推行阶梯式累进减免水资源费征收政策，防止因地下水水位抬升有可能引发的资源（地下水大量蒸发损失、水质变劣）、生态（土壤次生盐渍化、沼泽化）和地质环境等问题，确保地下水可持续利用。

（3）蓝区。对于控制性关键水位处于蓝线水位之间的管理分区（蓝区），地下水管理采取“合理开发和高效利用”的原则，按照取水许可管理制度实施有效管理，水资源费按照正常的水资源费征收办法收缴，维持地下水处于正常水位状态。

（4）下黄区。对于控制性关键水位处于蓝线水位以下、红线水位以上的管理分区（下黄区），地下水管理采取“限制性开发和有效利用”的原则，按照取水许可管理制度实施积极管理，控制地下水开采量，推行阶梯式累进加价水资源费征收政策，防止因地下水水位下降有可能引发的资源（地下水超采、可再生能力衰减、水质变劣）、生态（土壤沙化、荒漠化）和地质环境（地面沉降、塌陷、地裂缝和海水入侵）等问题，确保地下水可持续利用。

（5）下红区。对于控制性关键水位处于红线水位以下的管理分区（下红区），地下水管理采取“强制性减采和利用”的原则，按照取水许可管理制度实施危机管理，严格压减地下水开采量，积极推行阶梯式累进加价水资源费征收政策，遏制因地下水水位过度下降所引发的资源（地下水超采、可再生能力衰减、水质变劣）、生态（土壤沙化、荒漠化）和地质环境（地面沉降、塌陷、地裂缝和海水入侵）等问题，确保地下水可持续利用。

» 8.4 建设项目水资源（地下水取水）论证管理

众所周知，建设项目水资源（地下水取水）论证管理是取水许可管理的重要环节。自2002年水利部和原国家发展计划委员会联合发布《建设项目水资源论证管理办法》（中华人民共和国水利部、中华人民共和国国家发展计划委员会令第15号）以来，我国的建设项目水资源论证制度不断完善，有力地支撑了我国的取水许可管理工作。

《建设项目水资源论证管理办法》规定，对于直接从江河、湖泊或地下取水并需申请取水许可证的新建、改建、扩建的建设项目，建设项目业主单位应当按照规定进行建设项目水资源论证，编制建设项目水资源论证报告书，论证报告书包括取水水源、用水合理性以及对生态与环境的影响等内容。业主单位在向计划主管部门报送建设项目可行性研究报告时，应当提交水行政主管部门或流域管理机构对其取水许可（预）申请提出的书面审查意见，并附具经审定的建设项目水资源论证报告书。未提交取水许可（预）申请的书面审查意见及经审定的建设项目水资源论证报告书的，建设项目不予批准。

从事建设项目水资源论证工作的单位，必须取得相应的建设项目水资源论证资质，并在资质等级许可的范围内开展工作。

为规范建设项目水资源论证工作，指导水资源论证报告书的编制，水利部组织编制了《建设项目水资源论证导则（试行）》（SL/Z 322—2005），并于2005年5月12日颁布实施。《建设项目水资源论证导则（试行）》规定了水资源论证工作的内容、程序、范围划分、工作深度和技术方法，适用于水资源论证报告书的编制、审查和监督管理工作。

建设项目水资源论证工作主要是对建设项目所在流域或区域水资源开发利用现状、取水水源、用水量合理性、退水情况，以及其对水环境影响、开发利用水资源对水资源状况和其他取水户的影响及水资源保护措施等进行分析、论证和评价。地下水水资源论证工作还需要根据《供水水文地质勘察规范》（GB 50027—2001）中的技术规定，合理安排工作量和确定工作深度。

目前，建设项目水资源（地下水取水）论证管理尚待完善。例如《建设项目水资源论证报告》中工作深度、收费标准、责任追究制度和事后评估制度等尚未建立，造成部分单位工作不认真、工作深度不高和胡乱应付等不正常现象，给未来的水资源管理埋下隐患。因此，建议今后加大有关基础研究及相关标准和规范制定的资金投入，强化有关配套政策或管理制度建设。

» 8.5　地下水取水许可管理

地下水取水是指利用取水工程或者设施直接从地下取用水资源。取水工程或者设施是指水泵、水井等。取用地下水资源的单位和个人，除特别情况外，都必须申请领取取水许可证，并缴纳地下水资源费。实施取水许可，应坚持地表水与地下水统筹考虑，开源与节流相结合、节流优先的原则，实行总量控制与定额管理相结合。

地下水取水许可管理是依照《中华人民共和国水法》《取水许可和水资源费征收管理条例》等有关法律法规，由各级水行政主管部门实施的管理工作。依据这些法律法规，以及规定的取水许可管理程序及实际管理工作需要，地下水取水许可管理主要根据职责对授权范围内取水工程的取水、退水进行审批和监督管理，主要任务有以下几个方面。

（1）对取水许可进行管理和辅助审批。

（2）给出许可、处罚、批准通知书等文件。

（3）建立取水许可数据库，对取水单位信息、水环境影响等建库，必要时，对取水许可证进行核定。

（4）每年对取水单位的取水量、取水执行情况等进行汇总，形成报表上报，并辅助制定区域取水计划。

» 8.6　地下水资源费征收管理

1. 水资源费有关规定

《取水许可和水资源费征收管理条例》规定，取水单位或者个人应当缴纳水资源费。取水单位或者个人应当按照经批准的年度取水计划取水，超计划或者超定额取水的，对超计划或者超定额部分累进收取地下水资源费。征收的地下水资源费全额纳入财政预算，由财政部门按照批准的部门财政预算统筹安排，主要用于水资源的节约、保护和管理，也可用于地下水资源的合理开发。根据实际用水统计情况征收水资源费，相关工作包括水量统计、水量查询、水资源费计算、水资源费查询、水资源费统计、水资源费使用管理等。

水资源费征收标准由省、自治区、直辖市人民政府价格主管部门会同同级财政部门、水行政主管部门制定，报本级人民政府批准，并报国务院价格主管部门、财政部门和水行政主管部门备案。其中，由流域管理机构审批取水的中央直属和跨省、自治区、直辖市水利工程的水资源费征收标准，由国务院价格主管部门会同国务院财政部门、水行政主管部门制定。

2. 水资源费的经济杠杆作用

目前，不合理的水资源费加剧了水资源问题。因此，要建立适应市场经济原则、科学合理的水资源费征收体系，运用经济杠杆作用调节水资源供需矛盾，促进计划用水、节约用水。尤其是对城市供水企业，更要加强节约供水，减少和杜绝在输水、制水、配水和售水等环节中的浪费。有效的水资源费征收政策应当能够从长期的时间尺度上促进水资源的合理开发、高效利用和有效保护。建立水资源费征收体系，应能体现具有约束与激励相结合的经济效率性；体现消除（或减弱）水资源利用中的外部不经济，推动人与自然协调发展，保持水资源保护的可持续性；体现保障各类用水户基本用水权的公平性。

依据经济学原理，建立水资源费经济激励机制与供求调节机制，可以促进经济部门节约用水，提高用水效率，实现水资源在经济部门之间高效配置。建立水资源费的效率机制，应充分发挥市场经济下水资源费的经济杠杆调节作用，建立体现“约束、激励、竞争”三大作用的水资源费征收体系。

约束就是通过制定合理的水资源费征收政策，约束供用水户的供用水行为，发挥水资源费的经济调节作用，有效抑制浪费，促进全面节水。水资源的可利用总量是一定的，这就要求充分发挥水资源费抑制需求的作用，体现水资源的稀缺性，保证水资源供需的基本平衡。因此，应依据水资源费需求弹性，建立对应不同需水区间的阶梯式水资源费征收体系。水资源费需求弹性应与同期经济水平相适应，充分体现其时间效应。在时间上，水资源费必须反映水资源的变动信息（包括年际、年内质与量的变化），随其波动，可采取水丰裕时降低水资源费、水紧缺时提高水资源费、质优价高、质劣价低等策略，充分体现水资源的稀缺性和使用价值。同时，水资源费改革应考虑对其他产业及社会物价总水平的影响、居民收入变化、物价上升水平和宏观经济改革总体状况等，重视社会因素对水资源费抑制需求的抵消作用。另外，水资源费必须与其他生产资料和产品建立合理的比价，才能使经济生产部门权衡各生产资料的配比，采用替代工艺并选择合适的生产、销售地区，从而建立与环境资源条件相适应的产业结构、地区结构。合理的水资源费征收体系，还应根据不同水质将其拉开档次，建立彼此合理的比价，使之实现合理替代，从而最大限度地利用水资源，减缓对供水需求的压力。

激励就是通过制定有效的水资源费征收政策，根据水资源在不同地区、不同时间内的丰枯情况，灵活合理地实施累进加价或累进减价的水资源费征收政策，真正起到水资源费在水资源配置中的杠杆作用，引导和规范供水企业和各用水行业、部门的供用水行为，提高供用水效率与效益。

竞争就是利用多元的水资源费征收政策，实现不同水质类型的水资源在不同用途、不同使用者之间配置的经济效率。在考虑满足最低限、最基本用水公平要求的基础上，水资源费的确定要能够保障经济社会整体用水的最优配置，促进各供水企业竞争性供水和各用水部门高效竞争用水。为鼓励高效供用水，根据供用水户供水要求与用水效益差异，确定分门别类的多种水资源费征收政策。利用阶梯式水资源费征收政策、分类水资源费征收政策等手段，促进不同水质类别的水资源合理配置，使有限的水资源取得总体供用水效益最优，做到优质高价、劣质低价、高要求高收费，从而发挥水资源费的市场配置资源的作用。

3. 水资源费征收标准

制定水资源费征收标准，应当遵循下列原则：①促进水资源的合理开发、利用、节约和保护；②与当地水资源条件和经济社会发展水平相适应；③统筹地表水和地下水的合理开发利用，防止地下水过量开采；④充分考虑不同产业和行业的差别。

水资源费征收标准的制定，应充分考虑供用水户的供用水效益及效率差异、供用户对水资源的不同要求（水质、水量、供水保证率）、供用水户的不同满足程度以及水资源的不同时间效应（包括年际、年内差别，即丰枯状况与用水峰谷情态），建立多元的阶梯式水资源费征收体系，充分发挥水资源费对水资源需求的市场调节作用，促进高效竞争用水。例如对超采区或者限制地下水开采的区域（地下水处于负均衡的区域），要采取累进加价的水资源费征收政策，有效抑制地下水的开采；对地下水处于水位抬升并有可能产生次生盐渍化或沼泽化的区域（地下水处于正均衡的区域），要采取累进减价的水资源费征收政策，有效刺激和扩大地下水的开采规模，以免产生水多灾害。总之，制定合理的水资源费征收政策可有效抑制水资源的浪费、低效率使用，可有效保护水资源、保障生态与环境基本用水需求，实现水资源的可持续利用和有效保护。

农业生产取水的水资源费征收标准应当根据当地水资源条件、农村经济发展状况和促进农业节约用水需要制定。农业生产取水的水资源费征收标准应当低于其他用水的水资源费征收标准，粮食作物的水资源费征收标准应当低于经济作物的水资源费征收标准。农业生产取水的水资源费征收的步骤和范围由省、自治区、直辖市人民政府规定。

水资源费缴纳数额根据取水口所在地水资源费征收标准和实际取水量确定。水力发电用水和火力发电贯流式冷却用水可以根据取水口所在地水资源费征收标准和实际发电量确定缴纳水资源费数额。直接从江河、湖泊或者地下取用水资源从事农业生产的，对超过省、自治区、直辖市规定的农业生产用水限额部分的水资源，由取水单位或者个人根据取水口所在地水资源费征收标准和实际取水量缴纳水资源费；符合规定的农业生产用水限额的取水，不缴纳水资源费。取用供水工程的水从事农业生产的，由用水单位或者个人按照实际用水量向供水工程单位缴纳水费，由供水工程单位统一缴纳水资源费；水资源费计入供水成本。

为了满足公共利益需要，按照国家批准的跨行政区域水量分配方案实施的临时应急调水，由调入区域的取用水单位或者个人，根据所在地水资源费征收标准和实际取水量缴纳水资源费。征收的水资源费应当全额纳入财政预算，由财政部门按照批准的部门财政预算统筹安排，主要用于水资源的节约、保护和管理，也可以用于水资源的合理开发。

»8.7 供水水源保护计划

8.7.1 郑州市政府正在实施的水源保护计划

多年来，为了建设节水型城市，保障郑州市城市用水、工业和企业用水安全，郑州市政府从以下几个方面入手，做了大量卓有成效的工作。

（1）制定郑州市中长期用水规划。为了保证郑州市用水的安全性和可持续性，郑州市政府于2010年制定了2015年、2020年和2030年中长期城市供水规划，并且正在实施中。规划中的南桥水厂（供水量15万 m^3/d）、须水水厂（供水量15万 m^3/d）都是距离郑州太古可口可乐饮料有限公司较近的大型水厂；石佛水厂供水管道改造工程是规划中的重点改造工程之一，能够保障郑州太古可口可乐饮料有限公司的安全用水。

（2）采取有效措施，保护水源地的环境、生态和安全。为了减少对九五滩水源地的地下水污染，郑州市政府和惠济区制定了多项严格的水源地环境和生态保护措施，包括在水源保护区内严禁种植、严禁构筑建筑物、严禁开发旅游、严禁设置围栏和封闭管井等。

（3）努力减少城市对地表水和地下水的污染。加大了对城市污水排放的处理力度，2014年，郑州市污水排放处理能力达到零排放标准。这对各类地下水源保护是非常有利的。

（4）实现南水北调工程通水，保障郑州市充分供水。南水北调工程于2015年全线通水，河南省获得42亿 m^3/a 的水资源，能够保障城市和工业企业用水。

（5）严格执行国家制定的新的生活饮用水卫生标准，提高供水质量，实现按期供水达标，保障用户用水安全。自2010年起，郑州自来水投资控股有限公司全部按照国家制定的新的生活饮用水卫生标准供水，并已全部达标，这对郑州太古可口可乐饮料有限公司生产质量合格的饮料是一个好消息。

（6）为了保障产品质量和节约用水，郑州太古可口可乐饮料有限公司于2013年3月与郑州市节水办公室一起进行了一次水平衡测试。

总体而言，郑州市安全用水和可持续用水的保障性越来越高，一定程度上对郑州太古可口可乐饮料有限公司生产的正常运行起到了促进和保障作用。当然，也不能忽视局部的、微小的供水变化和公司内部环境失衡问题，虽然对源水可持续性的影响始终是存在的，但是可能性和风险性极小。这些影响包括源水水质的不断变化、停水停电、公司与源水供应商的关系以及厂区周边居民用水干扰等。

从问题的严重性和潜在性看，近期和较长时间内，郑州太古可口可乐饮料有限公司在用水水量和水质方面面临的风险相对较小或极小，因此，须防微杜渐，防患于未然，每3～5年更新一次水资源保护计划，更新周期最好与政府要求的企业水平衡测试时间周期一致。

为正确识别和评估公司用水的脆弱性，缓解或规避存在的潜在风险，针对现存的潜在性问题，提出具体的缓解行动步骤和应急措施，就显得尤为必要。

8.7.2　脆弱性缓解行动

脆弱性综述和缓解行动见表 8–2。

表 8–2　脆弱性综述和缓解行动

<table>
<tr><td>企业名称</td><td>郑州太古可口可乐饮料有限公司</td><td>计划执行者</td><td>张彦强</td></tr>
<tr><td>脆弱性</td><td colspan="3">源水水质、水量、相关利益、水价以及水权和水政策改变等风险问题</td></tr>
<tr><td>产生后果</td><td colspan="3">九五滩水源地供水不足，水受到污染；水厂供水不达标，影响产品销售和信誉</td></tr>
<tr><td>原因</td><td colspan="3">九五滩水源地污染和水量减少，水厂供水发生水质和水量突发事件</td></tr>
<tr><td>缓解策略</td><td colspan="3">积极与供水公司及政府相关部门沟通联系，了解政策，节约用水，启动应急预案，启用厂内备用水源</td></tr>
<tr><td>要求</td><td colspan="3">具体化、可量化、可执行、可操作、有时效性</td></tr>
<tr><td>目标</td><td colspan="3">（1）在水厂供水中断的情况下，首先确认断水原因，并立即启动《断水应急准备与响应计划》，例如水源污染问题，无法确定断水持续时间，立即启动《水源污染事件危机预案》；
（2）确认水源污染超标项目和超标浓度，例如公司水处理设施不能处理并净化，使之达到生产用水标准，立即停止生产；
（3）当水源发生污染时，厂区经理与郑州自来水投资控股有限公司保持联系，了解水源污染影响范围、政府可能采取的措施、是否有其他供水水源等状况，随时了解事故进展情况，并与源水供应商沟通协调，制定新的水质污染联动应对方案；
（4）了解源水供应商启用现有备用水源的情况和未来备用水源的准备条件，切实提升水源污染应对能力</td></tr>
<tr><td rowspan="4">缓解行动</td><td>行动内容</td><td>负责人</td><td>时间</td></tr>
<tr><td>检查完善厂内备用水源设施和启动机制，保持设施功能完好</td><td>郝卫民</td><td>每年</td></tr>
<tr><td>实时跟踪检测源水水质，提高处理能力和效果</td><td>王俊英</td><td>每年</td></tr>
<tr><td>完善《水源污染突发事件危机预案》，当水源发生污染时，与源水供应商协调制定新的水质污染联动应对方案</td><td>王琨</td><td>每年</td></tr>
</table>

8.7.3　应急预案和响应计划

厂区事件可分为两类，一类是常规事件，一类是突发事件。常规事件的负面影响小，可以通过有关部门进行常规性处理。突发事件突发性强，危害性和损失性大，需要有特定的应急预案和相应措施。为应对可能出现的突发事件，郑州太古可口可乐饮料有限公司制定了应急预案（图 8–1）。

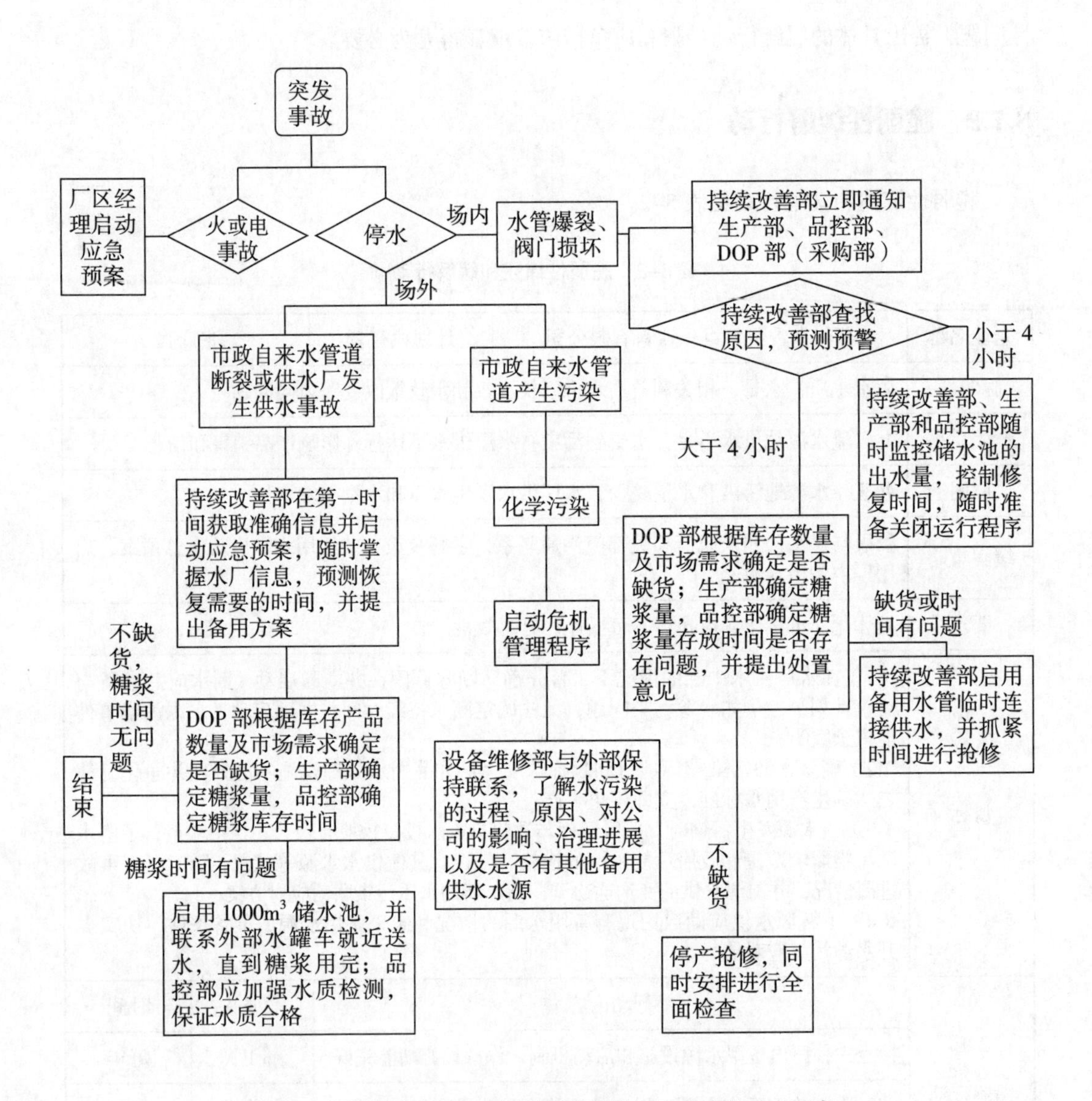

图 8-1 郑州太古可口可乐饮料有限公司突发事件应急预案

8.7.4 突发事件应急行动步骤

1. 突发事件类型

突发事件包括停水、污染、火情、管理系统故障、周边纠纷等。

2. 突发事件预案应急责任人及机构

总经理：金忆；厂区经理：韩旭；应急机构：综合办（应急办）、品控部经理；响应部门：品控部、销售部、持续改善部、后勤部、生产部、客户服务部、设备管理保修部、公共事务及传播部、EHS 部（安全部）。

3. 行动步骤

（1）厂区经理在得到内部突发事件信息后，第一时间报告总经理，同时通知品控部经理，由其上报应急管理小组并作出判定，应急管理小组批准后立即开展以下工作：①尽快书面要求销售部通知饮料售点，待定产品销售和处理方式；②生产部负责储水池启动工作；③品控部与技术部联系，将产品归档，并以特殊样品编号；④公共事务及传播部负责准备有关新闻报告，经应急管理小组批准，必要时上传各大媒体。

（2）拟定后续行动计划，经公司应急管理小组批准后实施，同时详细记录事件处理全过程。

（3）销售部根据库存产品数量及市场需求确定销售额度，结合公司实际保障市场供应，生产部确定糖浆量，品控部确定糖浆存放时间是否有问题，根据以上情况决定停产或继续生产，并加强检测，确保源水合格。

（4）公司与外部保持联系，根据水厂分布查找应急供水水源；消防、市政供电及检疫部门随叫随到。

（5）公共事务及传播部负责向各个部门通报事件处置过程，及时传达行动意见，保持信息传输中心的畅通。

4. 责任部门的总结和确认

风险管理部负责确认事件原因，相应的责任单位（个人）统计所造成的损失，将调查统计结果书面报告送至应急管理小组和综合办。

5. 厂区主管的确认和处置意见

突发事件处置结束后，厂区主管负责调查评价公司在事件处理过程中处置行动的有效性及存在的问题，由责任部门提出改进意见和措施，并将书面报告转送至应急管理小组。

6. 总结上报和信息反馈

突发事件处置结束后，在厂区主管的主持下和公共事务及传播部的配合下，由综合办检查和总结评估突发事件的事发过程、原因、涉及规模、造成的损失、产生的影响，以及经验教训，检查应急是否按照预案执行，找出执行过程中的不足之处，将报告上报上级主管和政府部门，并将预警信息录入公司内部重大事件档案管理系统，必要时，向行业内部和媒体发布信息，并负责控制媒体负面报道。

8.7.5 水资源脆弱性保护计划

针对郑州太古可口可乐饮料有限公司的潜在脆弱性风险，制定水资源脆弱性保护计划（表8-3）。

表 8–3　水资源脆弱性保护计划

脆弱性	可能性	措施	优先级
水质脆弱性	九五滩水源地和石佛水厂水质恶化可能性不大，内部水处理系统发生故障的可能性也不大	公司水处理系统严格按照规定运行、维护和检修，定期送检水和产品样品，保证产品质量。供水公司也要加强水质检测	短期和持续的
水量脆弱性	水量受限制的可能性不大，但因饮料行业是特殊行业，涉及健康问题，从长期供水考虑，要防患于未然	加强与政府主管部门的沟通，及时掌握九五滩水源地和石佛水厂供水情况，收集相关法律法规和可能影响公司将来供水的信息，及时参与听证会。供水、用水单位均须完善应急措施	短期和持续的
供水利益相关方关系	因用水和利益相关方关系处理不当造成公司声誉受损，可能影响公司正常生产	与利益相关方协调好关系，宣扬环境保护政策，积极参与各类公益社会活动，提高公司在水源保护方面的声誉	短期和持续的
水价调整	水价调整可能性大，具有连续性特征，每次涨幅较小	积极参与水价听证会，改进工艺，节约用水	短期和持续的
水权和水政策改变	在建设节水型城市的过程中，政府会调整供水政策，严格和节约用水可能性大	与政府主管部门保持联系，了解相关政策及变化，及时制定应对措施	短期和持续的

第 9 章　地下水补源、修复、监测与勘察物探新技术

» 9.1　地下水补源新技术

1. 地下水人工回灌补源技术

地下水人工回灌就是借助某些工程设施，使地表水自流或用压力注入地下含水层，以增加地下水的补给量，稳定地下水水位或对水资源进行季节及年度调节，保证地下水得到充分利用。我国地下水人工回灌工作是从控制地面沉降开始的。20 世纪 60—70 年代，地下水人工回灌曾在我国风靡一时，上海、北京、天津、杭州、西安、沈阳等城市都开展过地下水人工回灌工作，主要是补给地下水，缓解供水紧张，这也是东南沿海城市防止地面沉降和海水入侵的主要措施。1965 年，上海市引黄浦江水，采用深井回灌的方式向含水层补水，很好地解决了地面沉降问题。国外地下水人工回灌有着悠久的历史，早在 18 世纪末 19 世纪初，欧洲一些国家就已经进行地下水人工回灌。1821 年，法国图卢兹市采用以堤坝进行岸边淹浸的方式补给地下水。Pyne 于 1989 年首次使用了“含水层储存和回用”（Aquifer Storage and Recovery，ASR）的概念，目前国际上将地下含水层人工回灌和再利用称作人工 ASR 技术。美国、以色列、荷兰的人工 ASR 技术居世界领先地位。

2. 地下水库发展前景

当今水资源日趋紧张、短缺，尤其是在我国干旱半干旱地区，生态环境脆弱、水资源开发不当，已引发诸多问题；在滨海地区，水资源短缺和地下水大量超采引发了海水入侵问题。而地下水库作为一种环保型的水资源开发工程，可以有效地对地表水和地下水进行统一规划、联合利用，不仅可以解决生态环境和海水入侵问题，还可以有效缓解水资源问题。关于地下水库对地下水水位的控制和灌区土壤盐渍化问题影响的研究尚未深入，因此，以开采和观测手段对地下水水位进行控制是地下水库管理的关键所在，当然其技术要求也较高。如何更好地排水，如何对地下水库进行补给，以有效控制地下水水位，充分用于农业灌溉等领域，是未来深入研究的方向。因此，地下水库有着十分广阔的发展前景。

» 9.2 地下水修复新技术

地下水污染源主要包括铅污染、硝酸盐氮污染和石油烃污染，针对不同的污染源类型采取不同的修复技术与方法。

9.2.1 地下水铅污染修复技术

随着科学技术的不断发展，地下水环境中有毒或潜在的有毒化学物，特别是重金属，对人类和生态环境构成了严重威胁。在重金属中，铅尤为突出，其毒性大，是著名的“五毒”（汞、镉、铅、铬和砷）之一。铅可以通过呼吸道进入人体，还可以经过大气沉降进入土壤环境中，由于土壤和地下水相互作用，可以通过植物吸收土壤中的铅而进入水循环体系，经由食物链进入人体，严重危害人类健康。因此，一些治理含铅土壤的方法逐渐被应用到处理含铅地下水的研究中。总的来说，处理含铅地下水的方法主要有物理屏蔽法、抽出处理法和原位修复法。其中原位修复法是目前该领域的主要研究方向，包括可渗透反应墙技术、原位生物修复技术和动电修复技术。

1. 可渗透反应墙技术

可渗透反应墙（Permeable Reactive Barrier，PRB）是一种将溶解的污染物从污染水体和土壤中去除钝性的处理技术，是近年来流行的地下水污染原位处理方法，具有持续原位处理多种污染物、处理效果好、安装施工方便、性价比较高等优点。目前，一些发达国家已对其进行了大量的实验及工程技术研究，并投入商业应用。我国 PRB 技术仍处于实验摸索阶段。PRB 技术的基本原理是在地下安置活性材料墙体以拦截污染羽状体，污染羽状体通过反应介质后，污染物转化为可为环境接受的另一种形式，从而使污染物浓度达到水环境质量标准。PRB 主要由透水反应介质组成，通常置于地下水污染羽状体的下游，与地下水流向垂直。污染物去除原理包括生物和非生物两种，污染地下水在自身水力梯度作用下通过 PRB 时，产生沉淀、吸附、氧化还原和生物降解反应，使水中污染物得以去除。

2. 原位生物修复技术

由于借鉴了铅污染土壤的修复技术，近年来，原位生物修复技术在处理含铅地下水的过程中得到了广泛应用，包括微生物修复技术和植物修复技术两种。

（1）微生物修复技术。微生物修复主要借助微生物的生化反应来清除环境中的有害物质，通过积累与转化修复重金属污染。经过胞外的络合、沉淀和胞内积累作用，有毒重金属可储存在细胞的不同部位或融入细胞外基质，通过代谢过程，离子可以被沉淀，或被轻度螯合在具可溶性或不溶性的生物多聚物上。细菌产生的特殊酶能还原重金属，而且对 Cd（镉）、Co（钴）、Ni（镍）、Mn（锰）、Zn（锌）、Pb（铅）、Cu（铜）等有亲和力。

如Citrobacter（枸橼酸杆菌）产生的酶能使U（铀）、Pb、Cd形成难溶性磷酸盐，某些革兰氏阳性菌可吸收Cd、Ni、Pb、Cu等。

（2）植物修复技术。植物修复技术在国外应用较早，1977年Brooks提出了“超富集植物”的概念，1983年Chaney提出了利用超富集植物清除土壤中金属的思想，之后有关植物修复技术的研究逐渐增多并得到广泛应用。我国在这方面的研究起步较晚，直到1999年首次发现一种As（砷）的超富集蕨类植物，植物修复技术研究才真正开始。目前植物修复技术的研究方向是植物的修复潜力及使用螯合剂提高植物修复的效率。

植物修复技术具有物理修复技术和化学修复技术所没有的优点：①成本低，污染物在原地去除，可通过传统农业措施种植作物；②植物利用太阳能，不仅可以维持生态平衡，还能美化环境，容易被人们接受；③将富铅植物残体用于植物炼矿，可产生经济效益。相比之下，虽然植物修复技术所需时间较长，而且植物生长受环境的影响，但是这都不会成为主要问题。因此可以说，植物修复将成为一种应用广泛、环境友好和经济有效的修复铅污染的方法。

3. 动电修复技术

动电修复技术的基本原理是将电极插入受污染的地下水及土壤区，在施加直流电后，形成直流电场，而土壤颗粒表面具有双电层，孔隙水离子或颗粒带有电荷，会引起土壤孔隙水及水中的离子和颗粒物质沿电场方向进行定向运动。动电修复过程中，主要的物质迁移有电渗流、电迁移、自由扩散和电泳等。电渗流是土壤中的孔隙水在电场中从一极向另一极的定向移动，非离子态污染物会随电渗流移动而被去除。电迁移是离子或络合离子向相反电极移动，溶于地下水中的带电离子主要通过该方式迁移和被去除。而电泳是电渗的镜像过程，即带电粒子或胶体在直流电场作用下发生迁移。动电修复技术可以有效地去除地下水和土壤中的铅离子。在施加直流电后，带正电的重金属离子开始向阳极迁移，迁移速度比同方向流动的电渗析快得多。动电修复过程受到土壤pH值、铅元素的存在形态及电极材料的影响。

动电修复技术对渗透性差和酸碱缓冲能力较低的黏土、高岭土中重金属的去除效果最好。动电修复技术具有人工少、接触毒害物质少、经济效益高、对土壤的性质结构损害小等优点。与生物修复和化学修复等技术相比，动电修复技术更适合于治理渗透系数低的密质土壤。虽然动电修复技术已经被证明是处理地下水中重金属污染的有效方法，但是许多方面仍有待进一步研究，包括污染物迁移过程原理及限制性因素等。因此，在动电修复技术成熟之前，还需要大量的实验数据和示范工程。

9.2.2 地下水硝酸盐氮污染修复技术

随着工农业的蓬勃发展，地下水中硝酸盐氮的污染问题日益凸显。近40年来，硝酸盐氮污染已成为世界性的环境问题。根据我国国土资源部1996—2000年全国主要城市和地区地下水状况分析，我国城市的地下水普遍受到硝酸盐氮的污染。地下水中所含的大量硝酸盐氮，主要来源于居民生活污水与垃圾、粪便、化肥、工业废水、大气氮氧化合物干湿沉降及污水灌溉等。人和动物一旦饮用含高浓度硝酸盐氮的地下水，水中大量的硝酸盐在胃肠道和唾液里被微生物转化为亚硝酸盐，亚硝酸盐能使血液中的血红蛋白分子氧化，使血红蛋白分子中的二价铁变为三价铁，血红蛋白因此丧失携带氧的能力，使人和动物因缺氧而患高铁血红蛋白症，严重的可致死亡。另外，地下水中的硝酸盐还能使人体致癌。因此，开展地下水硝酸盐氮修复技术研究越来越受到众学者的关注。地下水硝酸盐氮修复技术主要包括生物修复技术、物理和化学修复技术、化学修复技术。

1. 生物修复技术

自然界中存在的某些微生物对污染物有一定的降解作用，但是这个降解过程较慢，因此在实际的水处理过程中难以得到运用。研究表明，在地下水环境中，一定条件下存在反硝化作用。反硝化作用是在微生物作用下将 NO_3^--N 最终转化为 N_2O 或 NO 的过程。它是生态系统中氮循环的主要环节，是污水脱氮的主要原理。地下水硝酸盐氮的生物修复技术就是在人为的作用下，强化自然界水体中的反硝化作用。该技术可分为原位生物脱氮技术和异位生物脱氮技术。

原位生物脱氮技术就是对受到硝酸盐氮污染的地下水体不作搬运，直接在原位进行生物修复，修复过程主要依赖于地下水体中的反硝化细菌和人为创造的促进反硝化反应的条件。总的来说，原位生物脱氮技术由于不用抽取和运输地下水，因此基建费和运行费较低。但是如果向水中投加的有机基质过量，则残留的有机基质会带来二次污染，因为投加的有机基质很难均匀分布于地下蓄水层中。若利用生物墙修复，随着生物膜的不断生长，则容易造成含水层堵塞。因此，原位生物脱氮技术在实际运用中并不多见。

根据细菌所需碳源的不同，异位生物脱氮技术可分为自养生物脱氮技术和异养生物脱氮技术。自养生物脱氮技术利用无机碳源，以氢或硫的化合物为主要的电子供体，分为氢自养反硝化和硫自养反硝化。氢是一种理想的电子供体，对饮用水是无害的，不会造成二次污染。但是氢气易燃，和空气混合后易爆，而且在水中的溶解度较低（1.6mg/L，20℃），因此在水处理运用中受到很大的限制。异养生物脱氮技术是以有机物（甲醇、乙醇、乙酸等）为反硝化基质，比自养反硝化技术反硝化速度快，单位体积反应器的处理量大。但是如果投加的有机基质不足，则容易导致水中亚硝酸盐氮积累；如果投加的有机基质过量，则残留的有机基质会带来二次污染。另外，外部投加有机基质，大大增加了处理费用。

2. 物理和化学修复技术

利用物理和化学修复技术去除地下水中硝酸盐的方法主要有蒸馏、电渗析、反渗透、离子交换法等。这些方法中，除离子交换法外，都不能用于大规模生产饮用水。常规的离子交换法用盐酸和氢氧化钠对树脂进行预处理，然后用浓 NaCl 溶液再生，树脂再生效率较低，再生频繁，再生过程中产生大量废液，所需费用过高，且不能选择性地去除硝酸盐。

3. 化学修复技术

化学修复技术主要是利用还原剂将硝酸盐氮还原，根据所用还原剂的不同可以分为活泼金属还原法和催化还原法。前者以铁、铝、锌等为还原剂，后者以氢气、甲酸、甲醇等为还原剂，都必须有催化剂才能发生反应。

（1）活泼金属还原法。目前用于还原硝酸盐研究较多的活泼金属是铁、铝、锌等金属单质。无论采取何种还原剂，基本上可以肯定的是，硝酸盐氮首先被还原为亚硝酸盐氮，然后被还原为氮气或氨氮。继续还原的话，可能要经过生成 NO 或 N_2O 的阶段。目前对硝酸盐氮的还原反应历程还缺乏一致的认识。

（2）催化还原法。催化还原法研究始于 20 世纪 80 年代末，目前研究较多的是以氢气为还原剂，Pd–Sn 或 Pd–Cu 等复合金属为催化剂。催化还原是一个异相催化的过程，只有位于表面的金属原子才具备催化活性，因此应设法增加催化剂的比表面积。通常将活性金属以很薄的一层（几十纳米）负载于惰性物质上，如氧化铝、氧化硅、沸石等，并制成一定形状的颗粒。这样既增加了活性金属的比表面积，又使之在反应后易于实现催化剂与出水的分离。化学催化还原法有以下优点：①反应器构造简单，化学反应效率较高，因此减少了操作费用；②无须进行任何二次处理；③经处理后的地下水，质量稳定且安全；④选择性地去除硝酸，保持原水的主要成分。

总体而言，处理地下水硝酸盐氮污染的三大方法，各有利弊。生物修复技术需要后续处理；物理和化学修复技术不能从根本上去除硝酸盐氮，只能起到转移作用；活泼金属还原法必须严格控制 pH 值，还不能将硝酸盐氮彻底地还原成氮气，而催化还原法在实际反应中受不同反应条件的影响，仍有部分亚硝酸盐和氨氮生成，而且反应中的传质因素会影响催化剂的活性和选择性。虽然催化还原法在实际中还未得到运用，但是很多学者认为催化还原法是处理地下水硝酸盐氮污染技术中最具潜力的方法。因此寻找最佳催化剂，提高催化剂的活性和选择性，寻找最佳的控制条件，是未来修复地下水中硝酸盐氮污染的研究重点之一。另外，纳米技术及各种方法的联合运用，也是未来的研究方向之一。

9.2.3　地下水石油烃污染修复技术

石油开采过程中试油、洗井、油井大修、堵水、松泵、下泵等井下作业和油气集输、油箱以及其他运输工具的渗漏及地下储油罐的泄漏，都会造成油类经包气带土层进入地下水中，危害地下水资源。石油烃中含有多种致癌、致畸和致突变的化学物质，例如苯系物（BTEX），即苯、甲苯、乙苯、二甲苯的混合物，其中苯和甲苯是致癌物质。由于地下水所处地理环境、地质环境和流动特点不同，要发现和确定地下水是否被污染较困难，而一旦发现地下水受到污染，则非常严重，要复原则更加困难。国外调查报告显示，受到石油烃污染的地下水，在污染源受到控制后，一般几十年都难以在自然状态下复原。如何经济而有效地去除地下水中石油烃污染物是各国环境学者和水文地质学者研究的热点，其中原位修复技术（In–situ Remediation）研究越来越受到重视。原位修复技术主要包括原位化学氧化技术、原位电动修复技术、渗透反应格栅技术、冲洗技术、土壤气抽出技术、地下水曝气技术、生物修复技术和环境同位素技术。

1. 原位化学氧化技术

原位化学氧化（In–situ Chemical Oxidation，ISCO）是近年来提出的能够有效处理土壤及地下水中 BTEX 的一种技术。实践证明，ISCO 可作为生物修复和自然生物降解之前的一项经济而有效的预处理方法。目前，ISCO 所用的氧化剂主要是二氧化氯（ClO_2）和臭氧（O_3）。ClO_2 通常以气体的形式直接进入污染区，氧化其中的石油烃，在反应过程中几乎不生成致癌的三氯甲烷和挥发性有机氯。O_3 以气体的形式通过注射井进入污染区，可自行分解为 O_2，使水中的溶解氧（DO）含量增加，为后续微生物处理提供适宜的条件。虽然ISCO在地下水修复方面还处于初探阶段，但是已表现出良好的处理效果。相信未来随着技术的成熟，ISCO将在地下水修复中起到重要的作用。

2. 原位电动修复技术

原位电动修复（In-situ Electrokinetic Remediation，ISER）是20世纪80年代末兴起的一种处理土壤和地下水污染的技术，可以去除石油烃污染物。原位电动修复的优点有环境相容性、多功能适用性、高选择性、适于自动化控制、低运行费用等，它是一种绿色修复技术。目前国外关于原位电动修复石油烃污染地下水的研究较少，国内则处于空白阶段，相信未来原位电动修复技术会广泛应用于石油烃污染地下水的修复工作。

3. 渗透反应格栅技术

渗透反应格栅（Permeable Reactive Barrier，PRB）是近年来迅速发展的一种地下水污染的原位恢复技术，应用于石油烃污染修复的反应格栅主要为生物降解格栅。生物降解格栅应用于石油烃污染地下水的治理是可行的，但目前渗透反应格栅技术仍不成熟，在许多方面尚待进一步研究，例如石油烃浓度与释氧化合物浓度的关系、地下水中其他物质对释氧格栅修复有效性的影响以及达到修复目标所需的时间等。

4. 冲洗技术

冲洗石油烃类污染物，可注入水或蒸汽，既能冲洗孔隙介质中残留的石油烃，又可增加加石油烃所在地区的地下水流动，提高下游抽水井中污染物的回收效率。石油烃残留在土壤中，主要通过吸附和毛细截留的方式实现的。近年来冲洗技术的研究方向是用表面活性剂溶液进行冲洗。表面活性剂既能增加石油烃在水中的溶解度，又能降低石油烃与水的界面张力，因此用表面活性剂溶液冲洗石油烃，可以提高去除效率。

5. 土壤气抽出技术

土壤气抽出（Soil Vapor Extraction，SVE）是指通过抽出井把非饱和区中含气态污染物的土壤气抽出地层，从而达到去除污染物的目的。土壤气抽出技术是目前有机污染物原位修复的有效技术之一，其原理主要是挥发和生物降解。该技术应用于石油烃污染治理还存在一些需要解决的问题，例如如何精确计算气体的逸出量、达到修复目标所需的时间等。

6. 地下水曝气技术

地下水曝气（Air Sparging，AS）也称生物注气（Bioventing），是原位修复石油烃污染的有效技术之一。实践证明，利用地下水曝气技术可以去除地下水石油烃污染物。虽然该技术应用还不到10年，但是由于其具有成本低、效率高和原位操作的优点，因此很快代替了土壤气抽出技术，已成为地下水石油烃污染修复技术的首选。

地下水曝气技术常与土壤气抽出技术联合运用（称为AS-SVE），通过联合运用，可以收集饱和区和非饱和区中的可挥发性石油烃，并且以供氧为主要手段，促进石油烃的生物降解。

7. 生物修复技术

生物修复（Bioremediation）是修复地下水及包气带土层石油烃污染的新技术，也是最有前景的技术，目前正在大力发展中。研究表明，石油烃在有氧和厌氧条件下均可降解。在美国和欧洲地区，生物修复技术早已在石油烃污染的土壤和地下水修复中得到应用。芳香烃的好氧生物降解是最快速的，在环境中保持大量的 O_2 供微生物利用是必要的，因为地下水中石油烃的好氧生物降解受 DO 含量的控制。为了增加土壤和地下水中的 DO 含量，可以采用一些工程化方法，其中充气和曝气技术在美国已应用于商业，也广泛应用于许多原位修复活动中。

通常情况下，污染带中高浓度有机污染物好氧降解会很快耗尽 O_2，使污染带变为还原环境，从而使环境中的厌氧微生物占据优势，同时使地下水供氧存在一定困难。近年来如何在还原条件下去除 BTEX 已成为研究热点。在厌氧条件下，微生物可以利用 NO_3^-、SO_4^{2-} 等作为电子受体，通过反硝化作用和硫酸盐还原作用降解 BTEX。除实验室研究外，反硝化条件下去除污染已广泛应用于实地修复。在美国加利福尼亚州，通过注射 NO_3^- 和 SO_4^{2}，对受石油烃污染的海滩含水层进行厌氧强化生物修复，使 BTEX 发生厌氧降解。对于 BTEX 在反硝化条件下能否降解，有较多的学者持否定态度，也有部分学者持肯定态度，他们认为可以降解，只是降解途径不是很清楚。在地下水环境中，有机物生物降解是一个非常复杂的过程，一种有机物有可能转化为另一种有害的有机物，今后应加强这方面的研究。

原位生物修复技术的优点是费用少、环境影响小、处理水平高，可用于其他技术难以应用的地方。其缺点是不能降解所有的有机污染物，介质渗透性低时微生物生长会引起堵塞，降解不完全时可能产生有害的中间产物，引入营养物可能引起污染，有机污染物浓度太低时不能满足微生物生长所需的碳源。实际上，进行地下水石油烃污染实地修复时，往往需要多种技术结合使用。

8. 环境同位素技术

以环境同位素技术修复地下水污染，有两种方法可以确定污染源，进而进行地下水污染修复。

（1）利用联合稳定同位素与水化学方法确定地下水污染源。地下水资源是人类最宝贵的战略资源，地下水的水质和水量具有同等重要的地位。地下水污染具有隐蔽性和难以逆转性的特点，一旦污染，则很难复原。因此，寻找地下水的污染来源尤为重要。地下水污染是废水参与地球水循环的结果，稳定同位素在全球水循环中的应用原理同样适用于研究地下水的地表污染源。

同位素是指原子核内质子数相同、中子数不同的原子，分为稳定同位素和放射性同位素两种，前者是指目前尚未发现存在放射性衰变的同位素，后者则是指具有放射性衰变的同位素。处于水循环系统中的不同水体，由成因不同而具有自身特征的同位素组成，即富集不同的重同位素氢（^2H）和氧（^{18}O）。通过分析不同环境中水体同位素的“痕迹”，可以示踪其形成和运移方式。正因如此，水同位素或同位素水文学技术被广泛应用于解决或帮助解决各种水资源、水环境问题，例如水的成因、各类水（雨水、地表水、地下水）的相互作用及转化、地下水系统的封闭程度及水交替强度、各类水体的污染程度及污染源问题等。

在自然界中，稳定同位素组成变化很小，因此一般用 δ 值表示元素的同位素含量。

δ 值是指样品中两种稳定同位素的比值相对于标准样品同位素比值的千分差值。如果地下水有多种不同地区的降水补给来源，而且不同地区形成的降水蒸发、凝结条件也不同，则不同地区降水来源的 $\delta D-\delta^{18}O$ 图中的直线会出现不同的斜率和截距，据此可判定地下水的补给来源。利用此原理，可以进行地下水污染源追踪。地下水源如果受地表污水的影响，可利用稳定同位素方法，一旦地下水与地表水的 δD 和 $\delta^{18}O$ 存在一定联系，即可判定该地下水与地表水之间的水力联系，确定污水的地表来源。

例如，张东等以焦作市群英河为例，利用稳定同位素在确定地表水与地下水之间水力联系时的“指纹”作用，确定了受污染地表水混入地下水的比例，同时结合水化学分析法，有力地说明了群英河对周围地下水的影响，为今后地下水污染的治理提供了可靠的依据。

（2）利用 ^{15}N 确定地下水氮污染来源。由于农业生产不断增加化肥用量，以及城市污水不断下渗，地下水中的氮污染问题已成为饮用水源的重要威胁。研究表明，饮用水中含高浓度的硝酸盐可能会引起严重的健康问题。

氮稳定同位素（$^{15}N/^{14}N$）广泛应用于各类水环境示踪无机氮来源、迁移和转化研究。地下水中的硝酸盐是主要的氮形态，主要来源于农业化肥、土壤有机氮、动物排泄物、城市排污和雨水。一般认为，不同氮源有相异的氮同位素信号，可以用来示踪氮污染和氮循环等，国内有许多学者开展过这方面的研究工作。李思亮等[61]利用 $\delta^{15}N$ 对贵阳地下水氮污染来源的分析表明，在贵阳地下水多数样品中，NO_3^--N 是主要的无机氮形态，城区地下水大部分含较高的 NO_3^--N。而在城市污水和一些被明显污染的地下水中，NH_4^- 却是主要的无机氮形态，尤其是枯水期。丰水期地下水样有较低的 $\delta^{15}N$ 值，受农业化肥等影响明显。丰水期地下水 NO_3^--N 浓度随着 Cl^- 浓度的升高而升高，说明丰水期地下水硝酸盐可能受混合作用的控制。而枯水期地下水中溶解氧与硝酸盐的 $\delta^{15}N$ 值呈负相关关系，且相对于丰水期地下水具有较高的 $\delta^{15}N$ 值、较低的硝酸盐浓度和较低的 DIN/Cl 值，说明地下水环境主要受土壤有机氮等影响，同时可能存在反硝化作用。

» 9.3 地下水监测新技术

随着城市生活用水和工业生产用水的不断增加，天然条件下的水资源（地表水体或泉水）已不能满足人们用水的需求，于是人们主动开采地下水，导致地下水资源长期超采，由此引发了一系列生态环境问题，例如区域性地下水降落漏斗、地面沉降、海水入侵、水质恶化等，制约了地区经济的可持续发展。为有效控制地下水资源，必须对地下水资源（水位、水量、水质）进行有效监测。地下水污染监测技术与方法主要有监测井技术、自动监测与无线传输技术、地球物理方法、可视化技术。

1. 监测井技术

监测井技术是地下水污染调查的基础，通过它可以确定地下水污染物的成分、分布范围和迁移路径等重要参数。国外发达国家高度重视地下水污染调查监测技术，对监测井技术进行了深入研究，已成功开发了多种监测井。

（1）丛式监测井。丛式监测井是在监测场地内按不同监测层的取样和监测要求分别钻取许多不同深度的单独监测井。丛式监测井的主要优点是安装工艺简单，缺点是钻孔数量多、监测井建造成本和监测成本较高。丛式监测井建成后，可利用水位计对地下水水位进行监测，同时可用小直径潜水泵或其他采样设备采集地下水水样，或者在井内安装自动水位计和地下水水质自动监测仪对地下水水位和水质进行长期监测。

（2）巢式监测井。巢式监测井是在一个钻孔中分别将多根不同长度的监测管下入选定的监测层位，通过分层填砾和止水，使多个监测井在一个钻孔中完成，从而达到分层采样和分层监测的目的。巢式监测井建成后，可利用水位计对地下水水位进行监测，同时可用小直径潜水泵或其他采样设备采集地下水样，或者在每根监测管内安装自动水位计和地下水水质自动监测仪对地下水水位和水质进行长期监测。

（3）连续多通道监测井。连续多通道监测井是加拿大 Solinst 公司开发的采用连续多通道管（CTM）建造监测井的技术，国外也称 CTM 系统。连续多通道管是采用连续方式挤出的带有 7 个通道的高密度聚乙烯（HDPE）管，管外径为 43mm，标准长度为 30m、60m 和 90m。连续多通道监测井建成后，可利用小直径水位计对地下水水位进行监测，同时可用专用的采样器——惯性泵或蠕动泵采集地下水样。

（4）Waterloo 监测井。Waterloo 监测井也称 Waterloo 多级系统，1984 年由加拿大 Waterloo 大学地下水研究所的 Join Cherry 发明。它是一种在直径 50mm 的 PVC 套管内置入 8 根从不同进水窗口直达地表的小直径监测管组成的具有标准组件的系统。该系统由套管节、进水窗口、监测管、封隔器、末端帽和一个地表管汇组成，套管内进水窗口间形成彼此隔离的密封腔。如果预先埋设压力传感器和采样泵，可通过其测量各监测目的层的水位，并可采集水样。也可以在监测管内下入小直径水位计测量各监测目的层的水位，并利用专用采样泵——惯性泵或蠕动泵采集地下水样。

（5）Westbay MP 监测井。Westbay MP 监测井也称 Westbay MP 多级系统，由加拿大 Westbay 公司研制。该系统由安装在钻孔中的套管组件、用于水压测量的便携式探测器和获取地下水水样的专用工具组成。套管组件包括套管节、接头、管底和用于监测目的层隔离止水的封隔器。由于套管组件中设置了一种带阀门的特殊接头，该系统成井时只需在钻孔内下入 1 根套管柱便可对众多监测目的层进行监测与采样。

2. 自动监测与无线传输技术

为了提高地下水监测质量，获取具有代表性的数据，使地下水监测数据具有与现代测试技术水平相对应的准确性和先进性，不断提高水分析成果的可比性和应用效果，地下水污染自动监测与无线传输技术是研究和发展的方向之一。

自动监测系统主机主要由多参数复合式探头、测量系统、数据存储系统、自动控制和通信接口等部分组成。监测数据传输系统为 GSM（Global Service Member，GSM）网，即全球公共服务网，是一种全球无线数字通信网络，目前我国的大部分地区都已开通。采用 GSM 调制解调器，通过 GSM 网，即可实现数据无线传输。数据通信方式采用查询应答式，即现场监测仪器完成地下水水质参数的自动采集和数据处理，并自动存储在地下水水质监测系统内部的数据存储器中，当中心站发出查询指令后，便可查询现场监测仪器数据存储器内的数据。

3. 地球物理方法

地球物理方法用于地下水污染监测，主要通过监测污染前后密度、电阻率、元素离子浓度等物理和化学性质的变化，弄清污染物地下运移过程和空间分布规律，为地下水污染治理提供依据，这也是今后地球物理方法解决环境问题的主要发展方向。

地球物理方法监测地下水污染是根据污染物与其周围介质在物理和化学性质上的差异，借助一定的装置和专门的仪器，测量其污染物理场的分布状态，通过分析和研究物理场的变化规律，结合地质、水文等有关资料，由此推断地下一定深度范围内污染物的分布特征，以达到监测的目的。目前地球物理方法主要用于地下水无机物污染、有机物污染、地下氡辐射的调查和未污染水体的保护等，主要方法有大地电磁法、电阻率测井法、自然电位测井法、动态导体充电法探测和地质雷达探测等。

4. 可视化技术

地下水资源动态监测管理的可视化是利用计算机图形图像技术，对采集的大量地下水动态监测数据进行处理，将评价区域地下水的赋存环境、运动规律和动态特征直接展现于人们眼前，为地下水资源评价模型的建立提供依据，并最终为地下水资源的科学管理和科学利用奠定基础。地理信息的三维可视化主要包括数学建模和可视化表达，随着版本的升级与不断完善而带来越来越强大的功能，例如绘制等高（值）线、在等高线图上插入背景地图、利用 Surfer 软件给出数据文件的统计性质、制作张贴图和分类张贴图、制作失量图以及实现图形图像输出等。

» 9.4　地下水勘察物探新技术

1. 地下水勘察物探方法

地下水勘察物探方法繁多，可分为重、磁、电、震、核、热和测井七大类。常规物探技术包括直流电阻率法、激电测深法、音频大地电场法、甚低频电磁法和杯放射性法等，这些方法根据不同的地球物理特性识别地下地质体，在地下水勘察中发挥重要的作用。近年来，随着新的物探技术的引入，如音频大地电磁测深法、瞬变电磁法、浅层地震反射法、核磁共振法等，我国地下水勘察水平在勘察深度、分辨率以及获取与地下水有关的信息等方面有了极大的提高，为特殊景观区、困难地区、地质条件复杂地区地下水勘察提供了新的技术，促进了地下水勘察技术的发展。

2. 管理机构

管理机构包括流域委员会和流域水管理局。流域委员会的主要任务是审议和批准流域水管理局董事会提交的5年计划和各年度的具体实施计划。流域水管理局是一个独立于地区和其他行政辖区的流域性公共管理机构，受生态环境部监管，负责流域水资源的统一管理。但是，流域水管理局在流域内必须执行流域委员会的指令；地区级（州级）主要管理机构包括地区水董事会、地区环境办公室和流域水管理局地区代表团；省、市级主要管理机构是省、市级水行政主管部门，负责水资源管理事务，执行、实施和监督相关法律法规。

第 10 章　结论与展望

20 世纪 80 年代以来，郑州市面临用水增加、持续超采、污染严重等一系列地下水环境问题。针对上述问题，在分析 2016—2019 年郑州市水资源量的基础上，开展郑州市水资源承载力和水资源脆弱性研究，并针对典型企业进行脆弱性分析，实施水资源保护等一系列管理措施，这对于郑州市未来地下水资源的合理开发和科学利用，防控污染和拓展再生、新生水源，都具有重要的理论和现实指导意义。

首先，在分析 2016—2019 年郑州市水资源变化规律的基础上，系统评价了郑州市水资源承载力和脆弱性，主要结论如下。

（1）1999—2013 年，郑州市水资源复合系统的承载压力指数都大于 1，郑州市水资源复合系统承载压力较大，处于一个超载状态，最大值达到 4.4656，最小值为 3.3849。

（2）1999—2009 年，郑州市人口规模较大，接近水资源的最大支撑能力。2010—2013 年，郑州市人口规模超出了郑州市水资源的最大支撑能力，水资源严重缺乏。

（3）郑州市水资源承载力变化趋势为先下降后上升，其变化曲线以“V”字形呈现。1999—2005 年，水资源承载力呈下降趋势。

（4）利用 MAPGIS 软件分别绘制各因子的评分分区图，利用该软件空间分析功能，合并各因子后得到综合评分图，得出郑州市脆弱性评价指数为 45 ～ 160，值越高，脆弱性越高，防污性能越差，反之防污性能越好。

其次，针对典型企业进行脆弱性分析，实施水资源保护等一系列管理措施。本书重点分析、科学并准确评估郑州太古可口可乐饮料有限公司现有水源的可靠性和可持续性。

（1）系统分析了郑州太古可口可乐饮料有限公司供水安全、水量保障性以及供水水质特征。

（2）郑州太古可口可乐饮料有限公司和周边居民用水的可持续性能够得到保障，因为郑州市高新技术开发区具备良好的供水条件。总之，对于郑州太古可口可乐饮料有限公司的可持续性用水来说，存在的脆弱性风险很低。

（3）郑州太古可口可乐饮料有限公司年用水量为 40 万～ 48 万 m^3，公司作为以水为主要生产原料的特殊行业，用水具有宏观性影响。郑州市水价偏低，因此在节约用水方面，需要通过调整水价来增加公民的节水意识，这也是节约用水的方式之一。

最后，针对上述存在问题，本书提供了国内外地下水资源管理与保护的技术和方法，以及地下水补源、修复、监测与勘察物探相关技术和方法。

总之，对郑州市地下水资源进行合理开发利用，防控污染和拓展再生、新生水源，具有十分重要的理论和现实指导意义。为此，本书既可作为本地区规避水危机、实施科学发展的参考和依据，也可作为国内其他大中城市的示范性参考资料。

参考文献

［1］ 段春青，刘昌明，陈晓楠，等．区域水资源承载力概念及研究方法的探讨［J］．地理学报，2010，65（1）：82–90.

［2］ 张建伟．北京市水资源人口承载力研究［D］．北京：首都经济贸易大学，2013.

［3］ MATHIS WACKERNAGEL，WILLIAM E. REES．Our Ecological Footprint：Reducing Human Impact on the Earth［M］．Gabriola Island：New Society Publishers，1996：61–83.

［4］ 夏军，朱一中．水资源安全的度量：水资源承载力的研究与挑战［J］．自然资源学报，2002，17（3）：262–269.

［5］ 惠泱河，蒋晓辉，黄强，等．二元模式下水资源承载力系统动态仿真模型研究［J］．地理研究，2001，20（2）：191–198.

［6］ WILLIAM E REES．Ecological footprints and appropriated carrying capacity：what urban economics leaves out［J］．Environmental and Urban，1992，4（2）：121–130.

［7］ M GORDON WOLMAN．The nation's rivers［J］．Science，1971：905–918.

［8］ JOHAN L KUYLENSTIERNA, GUNILLA BJORKLUND, PIERRE NAJLIS. Sustainable water future with global implications：everyone's responsibility［J］. Natural Resources Forum，1997，21（3）：181–190.

［9］ FALKENMARK M，LUNDQVIST J．Towards water security：political determination and human adaptation crucial［J］．Natural Resources Forum，1998，21（1）：37–51.

［10］ MICHIEL A．RIJSBERMAN，FRANS H. M. VAN DE VEN. Different approaches to assessment of design and management of sustainable urban Water system［J］. Environment Impact AssessmentReview．2000，129（3）：333–345.

［11］ 潘兴瑶，夏军，李法虎，等．基于 GIS 的北方典型区水资源承载力研究——以北京市通州区为例［J］．自然资源学报，2007，22（4）：664–671.

［12］ 张戈平，朱连勇．水资源承载力研究理论及方法初探［J］．水土保持研究，2003，10（2）：148–150.

[13] 孙富行，郑垂勇．水资源承载力研究思路和方法［J］．人民长江，2006，37（2）：33–36.
[14] 李滨勇，史正涛，董铭，等．水资源承载力研究现状与发展趋势［J］．节水灌溉，2007（2）：40–42.
[15] 雷学东，陈丽华，余新晓，等．区域水资源承载力研究现状与发展趋势［J］．水资源与水工程学报，2004，15（3）：10–14.
[16] 冯绍元，陈绍军，霍再林，等．我国水资源承载力研究现状及展望［J］．东华理工学院学报，2006，29（4）：301–306.
[17] 张洪玉，张淑云，卜汉臣．论水资源承载力概念及其评价方法［J］．黑龙江水利科技，2008，36（1）：157–159.
[18] 姚治君，王建华，江东，等．区域水资源承载力的研究进展及其理论探析［J］．水科学进展，2002，13（1）：111–115.
[19] 朱一中，夏军，谈戈．西北地区水资源承载力分析预测与评价［J］．资源科学，2003，25（4）：43–49.
[20] 童玉芬．中国西北地区人口承载力及承载压力分析［J］．人口与经济，2009（6）：1–7.
[21] 闫维，杨黎．基于水资源承载力的昆明市适度人口规模研究［J］．资源环境与发展，2007（3）：15–18.
[22] 谢高地，周海林，甄霖，等．中国水资源对发展的承载力研究［J］．资源科学，2005，27（4）：2–7.
[23] 李磊，贾磊，赵晓雪，等．层次分析法–熵值定权法在城市水环境承载力评价中的应用［J］．长江流域资源与环境，2014，23（4）：456–460.
[24] 周亮广，梁虹．基于主成分分析和熵的喀斯特地区水资源承载力动态变化研究——以贵阳市为例［J］．自然资源学报，2006，21（5）：827–833.
[25] 许朗，黄莺，刘爱军．基于主成分分析的江苏省水资源承载力研究［J］．长江流域资源与环境，2011，20（12）：1468–1474.
[26] 李姣，严定容．湖南省及洞庭湖区重点城市水环境承载力研究［J］．经济地理，2013，33（10）：157–162.
[27] 范英英，刘永，郭怀成，等．北京市水资源政策对水资源承载力的影响研究［J］．资源科学，2005，27（5）：113–119.
[28] 龙腾锐，姜文超，何强．水资源承载力内涵的新认识［J］．水利学报，2004（1）：38–45.
[29] 张鑫，李援农，王纪科．水资源承载力研究现状及其发展趋势［J］．干旱地区农业研究，2001，19（2）：117–121.
[30] IPCC. Climate Change 2001：Impacts Adaptation and Vulnerability［M］. Cambridge：Cambridge University Press，2001.
[31] PERVEEN S，JAMES L A. Scale invariance of water stress and scarcity indicators

facilitating cross-scale comparisons of water resources vulnerability [J]. Applied Geography, 2011, 31 (1): 321-328.

[32] IPCC. Climate change 2014: impacts, adaptation, and vulnerability [M]. Cambridge: Cambridge University Press, 2014.

[33] 杨晓华. 气候变化背景下流域水资源系统脆弱性评价与调控管理 [M]. 北京: 科学出版社. 2016.

[34] 王红梅，黄勇，王丽丽. 基于层次分析法对扬州市深层地下水资源评价 [J]. 河北工程大学学报（自然科学版），2016，33（4）：67-71，75.

[35] 穆瑾，赵翠薇. 变化环境下 2000—2015 年贵阳市水资源脆弱性评价 [J]. 长江科学院院报，2019，36（9）：12-17，28.

[36] HAAK L, PAGILLA K. The Water-Economy Nexus: a Composite Index Approach to Evaluate Urban Water Vulnerability [J]. Water Resources Management, 2020, 34 (1): 409-423.

[37] 吕彩霞，仇亚琴，贾仰文，等. 海河流域水资源脆弱性及其评价 [J]. 南水北调与水利科技，2012，10（1）：55-59.

[38] 任源鑫，张海宁，周旗，等. 宝鸡市水资源脆弱性评价 [J]. 水资源与水工程学报，2019，30（3）：119-126.

[39] SHI XIA, GIPPEL, CHEN HONG. Influence of disaster risk, exposure and water quality on vulnerability of surface water resources under a changing climate in the Haihe River basin [J]. Water International, 2017, 42 (4).

[40] 魏光辉. 基于改进灰色关联-TOPSIS 模型的乌鲁木齐市水资源脆弱性评价 [J]. 浙江水利水电学院学报，2017，29（1）：63-67.

[41] MICHAEL A RAWLINS, RICHARD B LAMMERS, STEVE FROLKING, et al. Simulating pan-Arctic runoff with a macro-scale terrestrial water balance model (p2521-2539) [J]. Hydrological Processes, 2003, 17 (13).

[42] 段顺琼，王静，冯少辉，等. 云南高原湖泊地区水资源脆弱性评价研究 [J]. 中国农村水利水电，2011（9）：55-59.

[43] 张旭. 基于熵权法的模糊集对分析模型在辽阳市水资源脆弱性评价中的应用 [J]. 黑龙江水利科技，2018，46（9）：167-171.

[44] 杜娟娟. 基于熵值法的山西省水资源脆弱性模糊综合评价 [J]. 水资源开发与管理，2018（9）：50-54.

[45] 刘晓敏，刘志辉，孙天合. 基于熵权法的河北省水资源脆弱性评价 [J]. 水电能源科学，2019，37（4）：33-35，39.

[46] 张蕊. 基于突变级数法的山西省水资源脆弱性评价 [J]. 水电能源科学，2019，37（4）：29-32.

[47] 邹君，杨玉蓉，谢小立. 地表水资源脆弱性：概念、内涵及定量评价 [J]. 水土保持通报，2007（02）：132-135，145.

[48] 王磊．辽宁省水资源脆弱性评价［J］．水利规划与设计，2019（4）：50-53，71.
[49] 景秀俊，高建菊．考虑气候变化影响的空间水资源脆弱性指标体系的建立［J］．水利水电快报，2012，33（6）：9-14.
[50] 郝璐，王静爱．基于 SWAT-WEAP 联合模型的西辽河支流水资源脆弱性研究［J］．自然资源学报，2012，27（3）：468-479.
[51] 田一鹏．基于粒子群投影寻踪插值法的辽宁省水资源系统脆弱性评价［J］．中国水能及电气化，2018（10）：34-38，15.
[52] 李昕．基于混合蛙跳与投影寻踪模型的辽阳市水资源系统脆弱性评价［J］．水利规划与设计，2018（10）：99-103，195.
[53] MARIN MIRABELA，CLINCIU IOAN，TUDOSE NICU CONSTANTIN，et al. Assessing the vulnerability of water resources in the context of climate changes in a small forested watershed using SWAT：A review［J］．Environmental Research，2020（prepublish）.
[54] 宋一凡，郭中小，卢亚静，等．一种基于 SWAT 模型的干旱牧区生态脆弱性评价方法——以艾布盖河流域为例［J］．生态学报，2017，37（11）：3805-3815.
[55] LIA DUARTE，JORGE ESPINHA MARQUES，ANA CLAUDIA TEODORO. An Open Source GIS-Based Application for the Assessment of Groundwater Vulnerability to Pollution［J］．Environments，2019，6（7）.
[56] 张颖．基于 GIS 的大凌河流域水资源脆弱性评价［J］．水资源开发与管理，2019（6）：50-54.
[57] 聂兵兵．安宁河流域水资源脆弱性评价研究［D］．成都：四川师范大学，2019.
[58] 苏贤保，李勋贵，刘巨峰，等，基于综合权重法的西北典型区域水资源脆弱性评价研究［J］．干旱区资源与环境，2018，32（3）：112-118.
[59] 陈岩，冯亚中，王蕾．基于熵权-云模型的流域水资源脆弱性评价与关键脆弱性辨识——以海河流域为例［J］．资源开发与市场，2019，35（4）：477-484，542.
[60] 刘佳骏，董锁成，李泽红．中国水资源承载力综合评价研究［J］．自然资源学报，2011，26（2）：258-269.
[61] 李思亮，刘丛强，肖化云，等．$\delta^{15}N$ 在贵阳地下水氮污染来源和转化过程中的辨识应用［J］．地球化学，2005（3）：257-262.